探索与发现 **奥秘**

TANSUO YU FAXIAN AOMI

为什么会出现日食和月食

李华金◎主编

时代出版传媒股份有限公司

安徽美术出版社

全国百佳图书出版单位

图书在版编目（CIP）数据

为什么会出现日食和月食/李华金主编. —合肥：安徽美术出版社，
2013.1（2021.11 重印）

（探索与发现．奥秘）

ISBN 978 - 7 - 5398 - 4265 - 3

Ⅰ.①为… Ⅱ.①李… Ⅲ.①日食 – 青年读物②日食 –
少年读物③月食 – 青年读物④月食 – 少年读物 Ⅳ.①P125.1 - 49

中国版本图书馆 CIP 数据核字（2013）第 044167 号

探索与发现·奥秘
为什么会出现日食和月食

李华金 主编

出 版 人：王训海

责任编辑：倪雯莹

责任校对：张婷婷

封面设计：三棵树设计工作组

版式设计：李 超

责任印制：缪振光

出版发行：时代出版传媒股份有限公司

安徽美术出版社（http://www.ahmscbs.com）

地　　址：合肥市政务文化新区翡翠路 1118 号出版传媒广场 14 层

邮　　编：230071

销售热线：0551-63533604　0551-63533690

印　　制：河北省三河市人民印务有限公司

开　　本：787mm×1092mm　　1/16　　印　张：14

版　　次：2013 年 4 月第 1 版　　2021 年 11 月第 3 次印刷

书　　号：ISBN 978 - 7 - 5398 - 4265 - 3

定　　价：42.00 元

{前言 ▶ PREFACE}

为什么会出现日食和月食

日食和月食是我们常见的天象，每次出现都会吸引无数人的目光，激起人们的惊叹。

日食，是在月球运行至太阳与地球之间时发生的。这时对地球上的部分地区来说，月球位于太阳前方，来自太阳的部分或全部光线被挡住，因此看起来好像是太阳的部分或全部消失了。月食，是当月球运行至地球的阴影部分时，在月球和地球之间的地区会因为太阳光被地球遮挡，就看到月球缺了一块。

在古代，由于人们对日食和月食形成的原因不明，产生了一些离奇的传说：古代斯堪的纳维亚人部族认为日食是天狼食日。越南人说那食日的大妖怪是只大青蛙。古埃及人说日食的发生是因为一只想在天庭称霸的秃鹰企图夺走太阳神的光芒。不过，也有浪漫的联想：非洲的一些民族认为，太阳和月亮本是一对恋人，他们追逐时就发生了日食。而对于月食，古代中国与非洲民间认为月食是"天狗吞月"，必须敲锣打鼓才能赶走天狗。

古人认为日食预示"凶兆"。在我国古代，出现日食人们会认为是君王不道，政局紊乱，得罪了上天，因此降罪天下。民间传说则认为是"天狗"这样的恶神跟人作对，故意破坏万物赖以生存的太阳。古代的阿兹特克人每见日食便会失声惊叫，因为他们认为这是魔鬼即将降临世间吃掉人类的信号。美国的奥吉布瓦印第安人在日食发生时会向天发射带火焰的箭，目的是"再度点燃"太阳。

喜欢观测日食与月食是世界各国人民的共同喜好。中国观测日食历史悠久，早在公元前 1948 年就有人观测到了日食。光是古书的史料（不包括甲骨文），就有 1000 多次日食记录。世界天文学家普遍承认中国古代日食记录的可信程度最高。它为世人留下了珍贵的科学文化遗产。而对于月食的观测，公元前 2283 年美索不达米亚的月食记录是世界最早的月食记录，其次是中国公元前 1136 年的月食记录。

观测日食和月食除了能够满足人们的好奇心，其科学价值也十分巨大。科学史上有许多重大的天文学和物理学发现是利用日全食的机会做出的，而且只有通过这种机会才行。最著名的例子是 1919 年的一次日全食，英国天文学家爱丁顿的观测结果与爱因斯坦事先计算的结果十分吻合，从而证实了爱因斯坦广义相对论的正确性。公元前 4 世纪，亚里士多德从月食中看到的地球影子是圆的，于是推断地球是球形的。公元前 3 世纪的古希腊天文学家阿利斯塔克通过月食测定"太阳—地球—月球系统"的相对大小。公元前 2 世纪的伊巴谷在相距遥远的两个地方同时观测月食，来测量地理经度。2 世纪，托勒密利用古代月食记录来研究月球运动。在火箭和人造地球卫星出现之前，科学家一直通过观测月食来探索地球的大气结构。

总而言之，观测日食和月食，让我们在感受日与月的奇妙变化中，扩大了视野，愉悦了身心，受得了美的陶冶，获得了科学知识，真可谓一举多得。

CONTENTS

深邃的舞台——宇宙空间

宇宙是由空间、时间、物质和能量构成的统一体，是一切空间和时间的综合。一般理解的宇宙指我们所存在的一个时空连续系统，包括其间的所有物质、能量和事件。根据大爆炸宇宙模型推算，宇宙年龄大约200亿年。

宇宙的形状现在还是未知的，因而人类进行着大胆的想象。有人说宇宙其实是一个类似人的这样一种生物的一个小细胞；有人说宇宙是一种拥有比人类更高智慧的电脑生物所制造出来的一个程序或是一个小小的原件；有人说宇宙是无形的。

宇宙是如何起源的？这是从2000多年前的古代哲学家到现代天文学家一直都在苦苦思索的问题。直至20世纪，有两种"宇宙模型"比较有影响，一是稳态理论，一是大爆炸理论。

目前在学术界影响最大的是"大爆炸宇宙论"，它是1927年由比利时数学家勒梅特提出的，他认为最初宇宙的物质集中在一个超原子的"宇宙蛋"里，在一次无与伦比的大爆炸中分裂成无数碎片，形成了今天的宇宙。

科学认识宇宙的开始

人类是从认识太阳、月亮、太阳系中的行星开始认识宇宙的。很长一段时间以来，宇宙被认为是空间上无边无际、时间上无始无终的物质的总和。

宇宙空间

随着科学技术的发展，人类已经观察到宇宙的边缘，这是距地球约100多亿光年的类星体。一些天文观测事实和理论研究使人们相信宇宙产生于大爆炸的一瞬间，这就使时间、空间上无限的宇宙观发生了根本的变化。

不仅如此，人们还了解了距地球十分遥远的恒星的物理状态，并已向太阳系中的某些天体发射了空间探测器。这一切表明，天文学是人类认识自然的最前沿的科学，天文学的研究需要用到人类最新的知识和最先进的技术。

天文学又是最古老的科学，它几乎是伴随着人类同时产生的，有关现代天体和宇宙的所有新概念都是建立在人类不断追求和探索的基础之上的。

远古时代关于宇宙的神话传说可称为宇宙学的启蒙时期。人类的祖先发展到从事农牧生产的时候，逐渐意识到日月运行、昼夜交替、寒来暑往这些天象变化与他们的生活有极为密切的联系，这就导致了历法的产生。历法的制定是人类认识宇宙的开端。

与此同时，远古人类对变化多端但又遵循规律的天象由赞叹、

你知道吗

宇宙一词始见于《庄子》

"宇宙"一词，最早出自《庄子》这本书，"宇"代指的是一切的空间，包括东、南、西、北等一切地点，是无边无际的；"宙"代指的是一切的时间，包括过去、现在与未来，是无始无终的。

恐惧，到信服、崇敬，随之产生了对控制自然力量的崇拜，从而有了神话和宗教的出现。世界各个民族都有关于开创宇宙的神话，在这些神话中都能找到主宰宇宙各种天象的神。

随着生产的发展、社会的变革、科学的进步，人类征服自然、改造自然的能力日益增长，人类放弃了宇宙由神来支配的想法，开始了用科学的方法来解释宇宙的尝试。

公元前 4 世纪，赫拉克利特创立了地球每天绕轴转动的学说，并认为金星和水星运行轨道的中心是太阳而不是地球。较赫拉克利特稍后的一位哲学家亚利斯塔克甚至正确地推断出

赫拉克利特

地球自转而分昼夜，地球绕日运转成岁。这个理论和哥白尼的理论很接近，所以人们称他为"古代哥白尼"。

知识小链接

赫拉克利特

赫拉克利特（约前530～前470）是一位富传奇色彩的哲学家。他出生在伊奥尼亚地区的爱菲斯城邦的王族家庭里。他本来应该继承王位，但是他将王位让给了他的兄弟，自己跑到女神阿尔迪美斯庙附近隐居起来，一心研究学问。

虽然在古希腊已经有了日心说的雏形，但许多哲学家仍然相信宇宙本身包着一个球形外壳，地球居中。柏拉图、亚里士多德和托勒密是建立地心说体系的主要人物。

柏拉图建立了天体的运行轨迹是圆形的，宇宙的外形是球形的这一宇宙结构的基本思想。

柏拉图认为宇宙是以地球为中心的一层层同心球壳——地球居于同心球壳的中央不动，它的周围被水包围着，厚度是地球半径的 2 倍；水外便是空气，厚度约为地球半径的 5 倍；更外一层是火，厚度为地球半径的 10 倍，在这层的顶部固定着天空的万千星星。从地球中心到那里的距离总共是地球半径的约 18 倍。

柏拉图的弟子欧都克塞斯继承了他的老师的思想，改进了同心球的宇宙结构模型。他把日或月或者一个行星附缀在一个想象中的看不见的天球上，星体本身不能运动而随着附缀于其上的球面作匀速圆周运动。但是行星的视运动时快时慢，有顺行有逆行，一个同心球不足以解释这种现象。

欧都克塞斯力图使行星的运动符合观测结果，于是他设想有一套同心球，各自以不同的速度旋转。日、月以及每个行星都有自己的一套同心圆球，这些圆球都是以地球为中心的。在欧都克塞斯的宇宙模型中同心球多达 27 个。

欧都克塞斯的一个名叫喀列浦的弟子为了更详细、更精确地描述天体的运动，把同心球增加到 36 个。

现在，我们都知道这种宇宙结构理论是错误的。但是欧都克塞斯和他以前的古希腊哲学家不同，欧都克塞斯力图用他的宇宙模型来解释观测到的天体运行情况，特别是行星的逆行，而在他以前的一些古希腊哲学家虽然能创立出接近于现代科学的观点，但这些观点的创立都是纯理性的分析，没有观测事实作为依据，也没有用创立的理论去解释观测事实。从这个意义上讲，欧都克塞斯是第一位称得上真正科学家的人，这也是人们科学地认识宇宙的开始。

亚里士多德是柏拉图的弟子，所以他几乎完全承袭了柏拉图宇宙结构的思想。亚里士多德在他的《形而上学》一书中把同心球增加到 55 个之多。他把宇宙分为 8 个天层，地球居于中心，向外依次为月球、水星、金星、太阳、火星、木星、土星诸天层，最外一层为恒星天层。亚里士多德认为一个物体的运动需要另一物体和它直接接触来推动它，所以有第一推动者推动了天上最外层的球壳，以便把运动逐次传递到日月五星上去，这个第一推动者就是宗教中的上帝。

亚里士多德在宇宙理论上也有过积极的贡献。他以最简单而明确的方式证明地球为球形。他说月食时可以在月亮上看到地球的影子的一部分或全部，而影子的形状是圆周的一部分或整个圆。亚里士多德是第一个认真计算地球周长的人，虽然他计算出的地球周长比实际周长长了 85%。计算虽不正确，但仍堪称为地球周长的最早推算。

亚里士多德

托勒密是著名的天文学家、地球学家和数学家，他发表的地心宇宙体系（托勒密体系）在天文学中占统治地位达 1300 年之久。托勒密在天文学上的研究成果主要体现在他撰写的长达 13 卷的巨著《天文学大成》中。

🖋 知 识 小 链 接

亚里士多德

亚里士多德（前 384～前 322），古希腊斯吉塔拉人，世界古代史上最伟大的哲学家、科学家和教育家之一。他是柏拉图的学生，又是亚历山大的老师。公元前 335 年，他在雅典办了一所叫吕克昂的学校，被称为逍遥学派。马克思曾称亚里士多德是古希腊哲学家中最博学的人物。

托勒密认为地球是宇宙的中心，天体运动可以用一些假想的、称为均轮和本轮的匀速圆周运动来解释，一颗行星附缀在一个被称为本轮的滚圆的小圆上，此圆的中心在一个被称为均轮的大圆上滚动。地球处在离均轮圆心不远的位置，但地球仍是宇宙的中心。

由于行星实际上沿椭圆轨道绕日公转，行星运动轨迹测得越精确，托勒密体系中的均轮和本轮就越复杂，而且计算越繁琐。托勒密系统的思想和亚里士多德系统的思想实质上没有什么不同，它没有触动地心说和圆周运动的本质，但是确实解释了所观测到的行星的运动，尽管到最后托勒密系统复杂得使一般人无法理解。欧洲的奴隶社会解体以后，封建社会持续了1000年之久。中世纪欧洲封建社会是一个政教合一的社会，所以宗教的神学思想成了统治思想。这种思想主张精神第一，上帝万能，并且强烈反对科学，托勒密的地心宇宙观就成了神学思想的有力工具，也成了神圣不可动摇的观点，因此托勒密的宇宙观得以持续了1300余年。

◑ 哥白尼创立日心说

在中世纪的欧洲，托勒密和亚里士多德的宇宙体系是基督教极力推崇的"真理"。为了与神学教条相吻合，天主教会阉割了其中比较合理的部分，把"地心说"摆到了一个神圣的地位。大多数人也接受了这种观点，直到波兰的哥白尼提出了他的"日心说"理论。

哥白尼所在的欧洲正处在黑暗的中世纪的末期。亚里士多德—托勒密的地球中心说早已被基督教会改造成为基督教义的支柱。然而，由于观测技术的进步，在托勒密的地心体系里必须用80个左右的圆周才能获得同观测比较相合的结果，而且这类圆周的数目还有继续增加的趋势。当时一些具有进步思想的哲学家和天文学家都对这个复杂的体系感到不满。

哥白尼

哥白尼不是一个想要推翻全部传统观念的革命派，他只是一个深受毕达哥拉斯学派思想影响的科学家。他认为真理必定是简单明了的，而托勒密体系给出的几何图像太复杂了，他坚信一定能用一种比较简单明了的几何图像来描述宇宙的结构。他在阿利斯塔克日心说的启发下，在自己长期坚持天象观测所获得的大量资料基础上，决心从根本上改革托勒密体系。经过近 30 年的观测、计算和反复思考，他终于写出了不朽的名著《天体运行论》。

哥白尼在书中明确提出：地球不是宇宙的中心，太阳才是宇宙的中心；地日距离与众恒星所在的天穹的高度相比是微不足道的；天穹周日旋转的视现象是由于地球绕其自转轴每天旋转一周所致；太阳在地球上的周年视运动并不是由于它本身在运动，而是因为地球像其他行星一样绕着太阳公转而造成的。哥白尼的宇宙体系是把太阳放在宇宙的中心，并规定地球有三种运动：绕地轴的周日自转运动；绕太阳的周年运动；用以解释二分岁差的地轴回转运动。

哥白尼的日心说否定了教会把地球置于宇宙中心的宗教教义，建立了科学的宇宙体系。它标志着自然科学与神学的分离和独立。《天体运行论》的发表被后代的历史学家称为"哥白尼革命"。很多历史学家认为，近代自然科学就是从 1543 年起诞生的。由于时代的限制和科学研究条件的制约，哥白尼虽然提出了崭新的学说，但他在方法上却是保守的。他始终认为天体运动是匀速圆周运动。他的体系虽然比托勒密的体系简单得多，但与后来开普勒创立的体系相比仍要复杂得多。日心说的稳固的科学基础是在以后开普勒发现行星运动三定律和牛顿发现万有引力定律之上才建立起来的。

趣味点击　哥白尼要让星空跟人交朋友

哥白尼喜欢观察天象，常常独自仰望繁星密布的夜空。在他十多岁时，父亲不幸病逝。于是，他住到了叔叔家中。有一次，哥哥不解地问哥白尼："你整夜守在窗边，望着天空发呆，难道这表示你对天主的孝敬？"哥白尼回答说："不。我要一辈子研究天时气象，叫人们望着天空不害怕。我要让星空跟人交朋友，让它给海船校正航线，给水手指引航程。"

但是哥白尼的《天体运行论》并没有及时公开出版。因为他知道，他的书一经刊布，便会引起各方面的攻击。批判可能从两种人那里来：一种人是顽固的哲学家，他们坚持亚里士多德、托勒密的说法，把地球当作宇宙的固定的中心；另一种人是教士，他们会说日心说是离经叛道的异端邪说，因为

《圣经》上明白指出地球是静止不动的。

当哥白尼终于听从朋友们的劝告，将他的手稿送去出版时，他想出了一个办法，在书的序中写明将他的著作大胆地献给教皇保罗三世。他认为，在这位比较开明的教皇的庇护下，《天体运行论》也许可以问世。除了这篇序之外，《天体运行论》还有另外一篇别人写的前言。哥白尼当时已重病在身，辗转委托教士奥塞安德尔去办理排印工作。

这位教士为使这书能安全发行，假造了一篇无署名的前言，说书中的理论不一定代表行星在空间的真正运动，不过是为编算星表、预推行星的位置而想出来的一种人为的设计。这篇前言里说了许多称赞哥白尼的话，细心的读者很容易发现这是别人写的。然而，这个"迷眼的沙子"起了很大的作用，在半个世纪的时间里，骗过了许多人。1542年秋，哥白尼因中风已陷入半身不遂的状况，到1543年初已临近死亡。延至5月24日，当一本印好的《天体运行论》送到他的病榻的时候，已是他弥留的时刻了。

哥白尼发表了地动学说，不仅带来天文学上的革命，而且开辟了各门科学向前迈进的新时代。因为他带给人们科学的实践精神，他教给人们怎样批判旧的学说，怎样认识世界。他首先告诉人们不要停留在事物的外表，而要依靠人类的实践，进行全面的分析，深入事物的本质。

譬如对天文现象的认识，就不能让直觉支配，以为太阳等恒星都在绕地球转动，而不去全面深入地研究太阳系内全部行星的运行。他还启示人们，不应该迷信古书上的道理，而应该重视客观事实，重视实验和实践；要有勇气怀疑并且敢于批判不符合实际却历来被认为神圣不可侵犯的权威学说。

因此，哥白尼的学说不但在科学史上引起了空前的革命，而且对人类思想的影响也是极深刻的。哥白尼推翻了亚里士多德以来从未动摇过的地球是宇宙的中心、日月星辰都绕地球转动的学说，从而在实质上粉碎了上帝创造人类、又为人类创造万物的那种荒谬的宇宙观。

不管这些思想在当时人们的心目中是处在多么神圣的地位，哥白尼还是从事实出发，证明地球和其他行星一样都按照同一规律运行，为唯物主义的科学的宇宙观奠定了基础。德国诗人歌德曾经这样评论过哥白尼的贡献："哥白尼地动学说撼动人类意识之深，自古以来没有任何一种创见，没有任何一种发明，可以和它相比。在哥伦布证实地球是球形以后不久，地球为宇宙主宰的尊号，也被剥夺了。自古以来没有这样天翻地覆地把人类的意识倒转过。因为地球如果不是宇宙的中心，那么无数古人相信的事物将成为一场空了。谁还相信伊甸的乐园，赞美诗的歌颂，宗教的故事呢？"

意大利哲学家布鲁诺不仅是哥白尼日心说的坚定支持者，而且发展了日心说。他认为每一颗发光的星体都是一个世界，星星数不清，世界也数不清，因此，他得出"宇宙是无限的"这个结论。

哥白尼的日心说承认宇宙是有中心的，这多少给宗教神学留了一点面子。而布鲁诺说，宇宙实际上连中心也没有，当然上帝就没有立足之地了，所以罗马教廷把布鲁诺活活地烧死在罗马的鲜花广场。

伽利略用无可辩驳的事实证明宇宙是无限的。伽利略用自制的望远镜来观察宇宙，使得人类的视野极大地扩展了。伽利略不仅发现了太阳的黑子、木星的4颗卫星，而且还发现银河是由亿万颗星星组成的。

布鲁诺

显然，伽利略的观测事实比布鲁诺的理论观点影响要大得多，因此伽利略遭到教廷的残酷迫害，1616年和1635年两次被宗教裁判所审讯，并被命令焚毁自己的著作，遭终身禁闭。直到1983年罗马教廷才解除对伽利略终身禁闭的判决，承认过去的判决是错误的。

知识小链接

布鲁诺

布鲁诺（1548～1600），意大利思想家、自然科学家、哲学家和文学家。他勇敢的捍卫和发展了哥白尼的太阳中心说，并把它传遍欧洲，被世人誉为是反教会、反经院哲学的无畏战士，是捍卫真理的殉道者。由于批判经院哲学和神学，反对地心说，宣传日心说和宇宙观、宗教哲学，1592年被捕入狱，最后被宗教裁判所判为"异端"烧死在罗马鲜花广场。

大爆炸与宇宙的诞生

我们所处的宇宙是如何诞生的呢？迄今为止，科学家们对这个问题也没有取得一致的意见。不过，宇宙是从大爆炸中产生的这一理论已为大部分人所接受。

大爆炸是一种学说，是根据天文观测研究后得到的一种设想。大约在150亿年前，宇宙所有的物质都高度密集在一点，有着极高的温度，因而发生了巨大的爆炸。大爆炸以后，物质开始向外大膨胀，就形成了今天我们看到的宇宙。

大爆炸的整个过程是复杂的，现在只能从理论研究的基础上，描绘过去远古的宇宙发展史。在这150亿年中先后诞生了星系团、星系、银河系、恒星、太阳系、行星、卫星等。现在我们看见的和看不见的一切天体和宇宙物质，形成了当今的宇宙形态，人类就是在这一宇宙演变中诞生的。

人们是怎样推测出曾经可能有过宇宙大爆炸呢？这就要依赖天文学的观测和研究。我们的太阳只是银河系中的一两千亿个恒星中的一个。像我们银河系同类的恒星系——河外星系还有千千万万。天文学家从观测中发现了那些遥远的星系都在远离我们而去，离我们越远的星系，飞奔的速度越快，因而形成了膨胀的宇宙。

对此，人们开始反思，如果把这些向四面八方远离中的星系运动倒过来看，它们当初可能是从同一源头发射出去的，是不是在宇宙之初发生过一次难以想象的宇宙大爆炸？后来又观测到了充满宇宙的微波背景辐射，就是说大约在137亿年前宇宙大爆炸所产生的余波虽然是微弱的但确实存在。这一发现对宇宙大爆炸是个有力的支持。

宇宙大爆炸理论是现代宇宙学的一个主要流派，它能较满意地解释宇宙中的一些根本问题。宇宙大爆炸理论虽然在20世纪40年代才提出，但20年代以来就有了萌芽。20世纪20年代时，若干天文学者均观测到，许多河外星系的光谱线与地球上同种元素的谱线相比，都有波长变化，即"红移"现象。

到了 1929 年，美国天文学家哈勃总结出星系谱线红移星与星系同地球之间的距离成正比的规律。他在理论中指出：如果认为谱线红移是多普勒效应的结果，则意味着河外星系都在离开我们向远方退行，而且距离越远的星系远离我们的速度越快。这正是一幅宇宙膨胀的图像。

基本小知识🖱

哈 勃

美国天文学家爱德温·哈勃（1889～1953）是研究现代宇宙理论最著名的人物之一。他发现了银河系外星系的存在及宇宙的不断膨胀，是银河外天文学的奠基人和提供宇宙膨胀实例证据的第一人。

1932 年勒梅特首次提出了现代宇宙大爆炸理论，经伽莫夫修改过的勒梅特理论在宇宙论中居于主导地位：整个宇宙最初聚集在一个"原始原子"中，后来发生了大爆炸，碎片向四面八方散开，形成了我们的宇宙。

美籍俄国天体物理学家伽莫夫第一次将广义相对论融入宇宙理论中，提出了热大爆炸宇宙学模型：宇宙开始于高温、高密度的原始物质，最初的温度超过几十亿度，随着温度的继续下降，宇宙开始膨胀。

20 世纪 60 年代，彭齐亚斯和威尔逊发现了宇宙大爆炸理论的新的有力证据。他们发现了宇宙背景辐射，后来他们证实宇宙背景辐射是宇宙大爆炸时留下的遗迹，从而为宇宙大爆炸理论提供了重要的依据。他们在测定银晕气体射电强度时，在 7.35 厘米波长上，意外探测到一种微波噪声，无论天线转向何方，无论白天黑夜、春夏秋冬，这种神秘的噪声都持续和稳定，相当于 3K（绝对

拓展阅读

勒梅特宇宙模型

1927 年，比利时天文学家勒梅特把弗里德曼度规作为一个宇宙模型进行研究，得出了宇宙膨胀的概念。通常把包含宇宙常数的均匀各向同性宇宙模型叫作勒梅特宇宙模型，而将宇宙常数为零的模型称作弗里德曼宇宙模型。

（温度）的黑体发出的辐射。

这一发现使天文学家们异常兴奋，他们早就估计到当年大爆炸后，今天总会留下点什么，每一个阶段的平衡状态，都应该有一个对应的等效温度，作为时间前进的嘀嗒声。彭齐亚斯和威尔逊也因此获 1978 年诺贝尔物理学奖。

霍　金

20 世纪科学的智慧和毅力在霍金的身上得到了集中的体现。他对于宇宙起源后 10～43 秒以来的宇宙演化图景作了清晰的阐释。宇宙的起源：最初是比原子还要小的奇点，然后是大爆炸，通过大爆炸的能量形成了一些基本粒子，这些粒子在能量的作用下，逐渐形成了宇宙中的各种物质。至此，大爆炸宇宙模型成为最有说服力的宇宙图景理论。

大爆炸理论无法回答现在的宇宙在大爆炸发生之前到底是什么样，或者说发生这次大爆炸的原因是什么？按照大爆炸理论，宇宙没有开端。它只是一个循环不断的过程，从大爆炸到黑洞的周而复始，便是宇宙创生与毁灭并再创生的过程。

这只是一个设想，并不是一个完美的理论。

银河系的发现

在晴朗的夜晚，人们很容易看到银河，它就是那条横贯夜空、隐约可见的白茫茫的光带。关于银河的起源，在古罗马的神话故事里，说的是大神朱庇特（即希腊神话中的宙斯）是一个好拈花惹草的天神，他和一位民间美女在凡间生了一个儿子，取名为赫拉克勒斯。由于婴孩没有奶吃，朱庇特把私生子悄悄地送到熟睡的妻子朱诺身边，据说只要吃了妻子一次奶水，以后孩子的身体就会非常健壮。

　　婴孩刚刚吸了几口奶水，便被朱诺发现了。她被吓了一跳，身体一下失去平衡，顿时丰腴的双乳喷出乳汁，撒向了太空，就形成了茫茫的银河系。"银河"一词的英文就是"Milky Way"，即"乳白色的路"之意。

　　人们常说"工欲善其事，必先利其器"。为了看到更远的天体，人们需要更好的观天设备。当初伽利略刚刚把他的第一架望远镜指向银河，就发现了其中很多用肉眼看不见的恒星。后来，人们把望远镜每改良一次，就能发现一大批更多、更暗的恒星。

　　英国天文学家威廉·赫歇尔是一位从业余爱好者成长起来的杰出人物。根据天文史书记载，赫歇尔一生自己磨制的望远镜面多达 400 余块。赫歇尔一生最大的愿望就是明白"宇宙的结构"。

基本小知识

威廉·赫歇尔

　　威廉·赫歇尔（1738~1822），英国天文学家、古典作曲家、音乐家。恒星天文学的创始人，被誉为"恒星天文学之父"。英国皇家天文学会第一任会长。他用自己设计的大型反射望远镜发现天王星及其 2 颗卫星、土星的 2 颗卫星、太阳的空间运动、太阳光中的红外辐射；编制成第一个双星和聚星表，出版星团和星云表；还研究了银河系结构。

　　1784 年，赫歇尔决心要数一数天上究竟有多少星星，并且要研究它们在天空中的分布情况。要数清天上的星星，那可不是一件普通的事情，而是一件非常繁重艰难的工作。

　　当时，赫歇尔做了 3 个假设：①空间是完全透明的，因此通过望远镜可以看见银河最外层的恒星；②恒星在空间的分布完全均匀，意味着星星越密集的天区，表示该方向上银河延伸得越远；③天上所有的恒星的亮度大体相同，星等的大小反映了其距离的远近。为了弄清宇宙的结构，赫歇尔非常有耐心和毅力地投入了观测。

　　赫歇尔选择了从赤纬 -30° 到 +45° 的方位，把星空分成 683 个区域。赫歇尔为了保证观测资料的准确性，对每个选定的天区至少要在不同时日观测 3 次以上。

银河系

经过 1083 次观测，赫歇尔总共数出的恒星达到了 117 600 颗之多。从数星星中，他发现了一种现象：恒星在某些方向上数量多，在某些方向上数量少；越是靠近天上那条乳白色的光带——银河，恒星分布就越密集，恒星数在银河平面方向上达到了最大值，而与银河垂直方向上的恒星数最少。

赫歇尔根据观测的结果，分析研究后认为，银河系是由恒星组成的"透镜"状（或"铁饼"状）的庞大天体系统；所有恒星连同银河一起构成了银河系，银河系的形状大致像凸透镜；银河系的直径与厚度比在 5：1 到 6：1。

现代天文学家在观测中发现，星光在传播的过程中会被空间尘埃吸收，如果没有新的观测技术，这会使人们根本看不到远处的恒星，从而使得对银河系尺寸的估计偏小。现代天文观测表明，在盘状的银河之中的确存在许多尘埃，因此在银盘内看到的全是太阳附近的恒星，这就难怪人们曾错误地认为太阳是银河系的中心了。

在赫歇尔之后的一个世纪之多的时间里，人们对银河系的结构轮廓的认识没有多大改变，只是在银河系的空间范围上扩大了约 10 倍。当时，引起人们兴趣的是太空中的星云和星团。

1914 年，取得博士学位后的美国青年天文学家沙普利来到威尔逊天文台工作。1921 年，他担任著名的哈佛大学天文台长。威尔逊天文台有当时世界上最先进的天文望远镜——胡克望远镜，这架反射式望远镜口径为 2.54 米。沙普利利用它开展了探索球状星团的工作，并且研究了其中一种称为"造父变星"的脉动变星。

沙普利

　　沙普利（1885～1972），美国著名的天文学家，美国科学院院士，曾任哈佛大学天文台台长，美国天文学会会长。他对球状星团和造父变星进行了系统的研究，指出太阳系不在银河系中心，而是处于银河系边缘，银河系的中心在人马座方向。他的研究为人们认识银河系奠定了基础。

　　沙普利先后观测了约 100 个球状星团。他的统计表明，有 1/3 的球状星团在人马座以内；90% 的球状星团分布在以人马座为中心的半个天球。

　　以上观测结果引起了沙普利的沉思：假定银河系内球状星团和恒星一样对称分布，而且太阳在银河系中心，那么，地球上人们所看到的天空上的球状星团就应该呈对称分布。

　　可是，观测结果并不是这样的。是否存在另一种可能，即太阳实际上处在远离银河系中心的地方。因此，地球上的人们才观测到球状星团呈现不对称分布的现象。

　　最后，沙普利大胆地把太阳从银河系的中心移开了，并指出银河系中心是由各球状星团组成的天体系统的中心，该中心就在人马座方向，距离太阳约 15 000 秒差距。

　　沙普利利用周光关系估计，较近的球状星团距离太阳 12 000 秒差距，著名的武仙座球状星团为 30 000 秒差距。沙普利指出，球状星团组成的天体系统范围实际上就是银河系的范围。从那时以来，经过几十年的天文学观测检验，一再证明沙普利描述的银河系模型基本上是正确的。这是继哥白尼提出"日心说"之后，人类对宇宙认识的又一次飞跃。

　　银河系的多数物质就分布在薄薄的中间凸起银盘之中，其中主要是恒星，也包括部分气体和尘埃。银盘的中心平面叫作道面，银盘中心凸起的椭球状部分称为银河系的核球，核球中心很小的致密区叫银核。

　　银盘外面是一个范围广大、近似球状分布的系统，叫作银晕，银晕中的物质密度比银盘中低得多，银晕外面还有物质密度更低的、大致呈球形的银冕。根据天文学家的估计，银盘直径约 30 000 秒差距，中间部分的厚度约

2000 秒差距，核球长轴约 5000 秒差距，厚度约 4000 秒差距，结构比较复杂。

如果从银盘上面俯视，银河系颇似水中的漩涡，从银河系核球向外伸展出几条旋臂。它们是银盘内年轻恒星、气体和尘埃集中的地方，也是一些气体尘埃凝聚形成年轻恒星的地方。

一般来说，旋臂内的物质密度比旋臂间大约高出 10 倍。在旋臂内恒星约占有 1/2 质量，剩下的 1/2 物质是气体和尘埃。由于旋臂内多有许多亮星闪耀，在通过大口径望远镜拍到的照片上，可看到漩涡结构。

太阳除了自转外，还携带着太阳系天体围绕着银心公转。银河系中所有的恒星都像太阳一样在绕着银心旋转，这就是说，银河系也存在自转。银河系的旋臂也在绕着银河系的中心旋转。通过观测发现，银河系作为一个整体还朝着麒麟座方向以 214 千米/秒的速度运动着。

基本小知识

麒麟座

麒麟座是赤道带星座之一。位于双子座以南，大犬座以北，小犬座与猎户座之间的银河中。但是，这一部分的银河位于麒麟座的边缘方向，所以远不如夏天夜晚的银河明亮。

太阳系的结构

太阳系是由受太阳引力约束的天体组成的系统，是宇宙中的一个小天体系统，太阳系的结构大概可以分为五个部分：

（1）太阳。太阳是太阳系的母星，也是最主要和最重要的成员。它有足够的质量让内部的压力与密度足以抑制和承受核融合产生的巨大能量，并以辐射的形式，例如可见光，让能量稳定地进入太空。

太阳在分类上是一颗中等大小的黄矮星，不过这样的名称很容易让人误会，其实在我们的星系中，太阳是相当大与明亮的。恒星是依据赫罗图的表面温度与亮度对应关系来分类的。通常，温度高的恒星也会比较明亮，而遵循此规律的恒星都会位于所谓的主序带上，太阳就在这个带子的中央。但是，比太阳大且亮的星并不多，而比较暗淡和低温的恒星则很多。

太阳在恒星演化的阶段正处于壮年期，尚未用尽在核心进行核融合的氢。太阳的亮度仍会与日俱增，早期的亮度只是现在的 75%。

科学家在计算太阳内部氢与氦的比例后，认为太阳已经完成生命周期的 1/2，在大约 50 亿年后，太阳将离开主序带，成为更大、更明亮，但表面温度却降低的一颗红巨星，届时它的亮度将是目前的数千倍。

太阳是在宇宙演化后期才诞生的第一星族恒星，它比第二星族的恒星拥有更多的比氢和氦重的金属（这是天文学的说法：原子序数大于氦的都是金属）。比氢和氦重的元素是在恒星的核心形成的，必须经由超新星爆炸才能释入宇宙的空间内。换言之，第一代恒星死亡之后宇宙中才有这些重元素。最老的恒星只有少量的金属，后来诞生的才有较多的金属。高金属含量被认为是太阳能发展出行星系统的关键，因为行星是由累积的金属物质形成的。

（2）内太阳系。内太阳系在传统上是类地行星和小行星带区域的名称，主要是由硅酸盐和金属组成的。这个区域挤在靠近太阳的范围内，半径比木星与土星之间的距离还短。行星运行在一个平面，朝着一个方向。

4 颗内行星（水星、金星、地球、火星）或是类地行星的特点是高密度、由岩石构成、只有少量或没有卫星，也没有环系统。它们由高熔点的矿物，像是硅酸盐类的矿物，组成表面固体的地壳和半流质的地幔，以及由铁、镍构成的金属核心组成。4 颗中的 3 颗（金星、地球和火星）有实质的大气层，全部都有撞击坑和地质构造的表面特征（地堑和火山等）。内行星容易和比地球更接近太阳的内侧行星（水星和金星）混淆。

（3）中太阳系。太阳系的中部地区是气体巨星和它们有如行星大小尺度卫星的家，许多短周期彗星，包括半人马群也在这个区域内。此区没有传统的名称，偶尔也会被归入"外太阳系"，虽然外太阳系通常是指海王星以外的区域。在这一区域的固体，主要的成分是"冰"（水、氨和甲烷），不同于以岩石为主的内太阳系。

在外侧的 4 颗行星，也称为类木行星，囊括了环绕太阳 99% 的已知质量。木星和土星的大气层都拥有大量的氢和氦，天王星和海王星的大气层则有较多的"冰"，像是水、氨和甲烷。有些天文学家认为它们该另成一类，称为

"天王星族"或是"冰巨星"。这4颗气体巨星都有行星环，但是只有土星的环可以轻松地从地球上观察到。"外行星"这个名称容易与"外侧行星"混淆，后者实际是指在地球轨道外面的行星，除了外行星外还有火星。

（4）外海王星区。在海王星之外的区域，通常称为外太阳系或是外海王星区，仍然是未被探测的广大空间。这片区域似乎是太阳系小天体的世界（最大的直径不到地球的 1/5，质量则远小于月球），主要由岩石和冰组成。

（5）太阳系最远的区域。太阳系于何处结束，以及星际介质开始的位置没有明确定义的界线，因为这需要由太阳风和太阳引力两者来决定。太阳风能影响到星际介质的距离大约是冥王星距离的 4 倍，但是太阳的洛希球，也就是太阳引力所能及的范围，应该是这个距离的 1000 倍以上。

太阳系的探测活动

数千年以来直到 17 世纪的人类，除了少数几个例外，都不相信太阳系的存在。地球不仅被认为是固定在宇宙的中心不动的，并且绝对与在虚无缥缈的天空中穿越的对象或神祇是完全不同的。

当哥白尼与前辈们，以太阳为中心重新安排宇宙的结构时，仍是在 17 世纪最前瞻性的概念，经由伽利略、开普勒和牛顿等的带领，人们才逐渐接受地球不仅会移动，还绕着太阳公转的事实。

太阳系的第一次探测是由望远镜开启的，始于天文学家首度绘制这些因光度暗淡而肉

拓展阅读

开普勒定律

开普勒定律也统称"开普勒三定律"，也叫"行星运动定律"，是指行星在宇宙空间绕太阳公转所遵循的定律。由于是德国天文学家开普勒根据丹麦天文学家第谷·布拉赫等人的观测资料和星表，通过他本人的观测和分析后，于 1609～1619 年先后归纳提出的，故行星运动定律即指开普勒三定律。

眼看不见的天体。

　　伽利略是第一位发现太阳系天体细节的天文学家。他发现月球有火山口，太阳的表面有黑子，木星有 4 颗卫星环绕着。惠更斯追随着伽利略的发现，发现土星的卫星泰坦和土星环的形状。后继的卡西尼发现了土星的 4 颗卫星，还有土星环的卡西尼缝、木星的大红斑。

　　1705 年，爱德蒙·哈雷认识到在 1682 年出现的彗星，实际上是每隔 75 ~ 76 年就会重复出现的一颗彗星，现在称为哈雷彗星。这是除了行星之外的天体会围绕太阳公转的第一个证据。

　　1781 年，威廉·赫歇尔在观察一颗他认为的新彗星时，于金牛座发现了联星。事实上，它的轨道显示它是一颗行星——天王星，这是第一颗被发现的行星。

　　1801 年，朱塞普·皮亚齐发现谷神星，这是位于火星和木星轨道之间的一个小世界，而一开始它被当成一颗行星。然

伽利略

而，接踵而来的发现使在这个区域内的小天体多达数以万计，导致它们被重新归类为小行星。

哈 雷

　　哈雷（1656 ~ 1742），英国天文学家和数学家。1676 年到南大西洋的圣赫勒拿岛测定南天恒星的方位，完成了载有 341 颗恒星精确位置的南天星表，记录到一次水星凌日。1705 年，哈雷出版了《彗星天文学论说》，书中阐述了 1337 ~ 1698 年出现的 24 颗彗星的运行轨道。他指出，出现在 1531 年、1607 年和 1682 年的 3 颗彗星可能是同一颗彗星的 3 次回归，并预言它将于 1758 重新出现。这个预言被证实了。

　　到了 1846 年，天王星轨道的误差导致许多人怀疑是不是有另一颗大行星

在远处对它施力。埃班·勒维耶的计算最终使海王星被发现。

在 1859 年，因为水星轨道近日点有一些牛顿力学无法解释的微小运动（"水星近日点进动"），因而有人假设有一颗水内行星祝融星（中文常译为"火神星"）存在。虽这一运动最终被证明可以用广义相对论来解释，但某些天文学家仍未放弃对"水内行星"的探寻。

为解释外行星轨道明显的偏差，帕西瓦尔·罗威尔认为在其外必然还有一颗行星存在，并称之为 X 行星。在他过世后，他的罗威尔天文台继续搜寻的工作，终于在 1930 年由汤博发现了冥王星。

但是，冥王星是如此的小，实在不足以影响行星的轨道，因此它的发现纯属巧合。就像谷神星，它最初也被当作行星，但是在邻近的区域内发现了许多大小相近的天体。因此在 2006 年冥王星被国际天文学联会重新分类为矮行星。

在 1992 年，夏威夷大学的天文学家大卫·朱维特和麻省理工学院的珍妮·卢发现 1992 QB1，被证明是一个冰冷的、类似小行星带的新族群，也就是现在所知的柯伊伯带，冥王星和卡戎都是其中的成员。

米高·布朗、乍德·特鲁希略和大卫·拉比诺维茨在 2005 年宣布发现的阋神星是比冥王星大的离散盘上天体，是在海王星之后绕行太阳的最大天体。

自从进入太空时代，许多的探测都是各国的太空机构所组织和执行的无人太空船探测任务。太阳系内所有的行星都已经被由地球发射的太空船探访，进行了不同程度的各种研究。虽然都是无人探测任务，人类还是能观看到所有行星表面近距离的照片，在有登陆器的情况下，还进行了对土壤和大气的一些实验。

第一个进入太空的人造天体是前苏联在 1957 年发射的"史泼尼克一号"，成功地环绕地球 1 年之久。美国在 1959 年发射的"先驱者 6 号"，是第一个从太空中送回影像的人造卫星。

第一个成功地飞越过太阳系内其他天体的是"月球 1 号"。它在 1959 年飞越了月球。最初是打算撞击月球的，但却错过了目标成为第一个环绕太阳的人造物体。"水手 2 号"是第一个环绕其他行星的人造物体，在 1962 年绕行金星。第一颗成功环绕火星的是 1964 年的"水手 4 号"。直到 1974 年才有"水手 10 号"前往水星。

探测外行星的第一艘太空船是"先驱者 10 号"，在 1973 年飞越木星。在 1979 年，"先驱者 11 号"成为第一艘拜访土星的太空船。"旅行者计划"在 1977 年先后发射了 2 艘太空船进行外行星的大巡航，在 1979 年探访了木星，1980 年和 1981 年先后访视了土星。

加加林

"旅行者 2 号"继续在 1986 年接近天王星和在 1989 年接近海王星。"旅行者"太空船已经远离海王星轨道外，在发现和研究终端震波、日鞘和日球层顶的路径上继续前进。依据 NASA 的资料，2 艘"旅行者"太空船已经在距离太阳大约 93 天文单位处接触到终端震波。

载人的探测目前仍被限制在邻近地球的环境内。第一个进入太空（以超过 100 千米的高度来定义）的人是苏联的太空人尤里·加加林，于 1961 年 4 月 12 日搭乘"东方一号"升空。第一个在地球之外的天体上漫步的是尼尔·阿姆斯特朗，他是在 1969 年的"阿波罗 11 号"任务中，于 7 月 21 日在月球上完成的。

知识小链接

尤里·加加林

尤里·加加林（1934～1968），世界第一名航天员，前苏联太空人，是第一个进入太空的地球人。1961 年 4 月 12 日，加加林乘坐"东方 1 号"宇宙飞船开始太空之旅。1968 年 3 月 27 日因飞机失事遇难。

美国的航天飞机是唯一能够重复使用的太空船，并已完成许多次的任务。在轨道上的第一个太空站是 NASA 的太空实验室，可以有多位乘员，在 1973～1974 年间成功地同时乘载着 3 位太空人。第一个真正能让人类在太空中生活的是前苏联的"和平号"空间站，1989～1999 年在轨道上持续运作了将近 10 年。

它在 2001 年退役，后继的国际空间站也从那时继续维系人类在太空中的生活。

在 2004 年，"太空船 1 号"成为在私人的基金资助下第一个进入次轨道的太空船。同年，美国前总统乔治·布什宣布太空探测的远景规划：替换老旧的航天飞机、重返月球，甚至载人前往火星。

星云和 "宇宙岛"

早在 18 世纪后期，在西方的天文爱好者中兴起了搜寻彗星的热潮，拥有天文望远镜的人都愿意花费许多时间巡视星空，人们期盼发现太阳系的新成员。结果在搜寻彗星的观测过程中，人们发现太空中还有一些模糊朦胧的云状天体（位置固定），后来称为"星云"。在 1745 年以前，人们已发现了 20 多个星云。

法国天文学家梅西耶在搜寻彗星的工作中，也发现了一些星云和星团。

康 德

为了天文观测研究的需要，他于 1786 年前后，着手编制了一个星云、星团表，其中记载了大约 103 个星云、星团的位置。这个表叫作《梅西耶星云星团表》。

后来，人们把属于《梅西耶星云星团表》里的天体，加上一个 M 进行编号，例如 M31、M1 和 M13，分别表示仙女座大星云、金牛座蟹状星云和武仙座球状星团。

到 1888 年时，人们所知的星云、星团已经达到了 7840 个。丹麦天文学家德雷尔修正了约翰·赫歇尔的《星云总表》，在表中列出了 5079 个天体。在此基础上，他于 1895 年出版了《幸运星团新总表》，英文简称 NGC。

不久，德雷尔又出版了《补编》（英文简称 IC），二者合在一起总计 15 000 个星云、星团。现代天文学家提到星云、星团的时候，通常引用 NGC 和 IC 的编号数。例如，著名的蟹状星云称为 NGC1952，这是因为在德雷尔表上它是第 1952 个登记入表的。

1750 年，英国天文学家赖特曾猜想这些"星云"中的某些天体可能是独立的庞大恒星系统。1755 年，德国哲学家康德发表了《自然通史和天体论》一书，在书中，康德以他超人的睿智提出，银河系在宇宙中绝不是孤立的恒星集团，在太空里还有大大小小的天体系统星罗棋布，宛如辽阔的海洋中的岛屿，成群成团，数不胜数。他称之为"宇宙岛"。

> ## 知识小链接
>
> ### 康 德
>
> 康德（1724～1804）德国哲学家、天文学家，星云说的创立者之一，德国古典哲学的创始人，唯心主义、不可知论者，德国古典美学的奠定者。他被认为是对现代欧洲最具影响力的思想家之一，也是启蒙运动最后一位主要哲学家。

当时，威廉·赫歇尔观测到有些星云的确是由许许多多的小星星构成的，这率先证明了康德宇宙岛假说。但是他也发现了一些星云分辨不出星星，它们的确是由尘埃、气体构成的真正的星云，例如弥漫星云、行星状星云等。

1845 年，爱尔兰天文学家罗斯自制成口径约 1.82 米的大望远镜。它虽然很笨重，需要四个人才能操纵它，但还是作出了一些重要的观测发现。罗斯用它辨认出了一些云雾状的天体，仔细看去它们呈漩涡状，所以后来就叫作漩涡星云。在观测中，他还证实了许多赫歇尔曾认为是"星云"的天体而实际上是星团。罗斯发现 M51 有独特的螺旋状结构，他根据 M51 的外貌特征，推测该星云是一个巨大的、自转的漩涡星系。

星云到底是由恒星构成的，还是由气体构成的呢？英国天文学家哈根斯、美国天文学家柯蒂斯以及沙普利，于 20 世纪初分别对多个星云进行了观测分析，但存在很大的分歧。1920 年 4 月 24 日，美国科学家在华盛顿召开了"宇宙的尺度"学术研讨会。当时以沙普利为一方，柯蒂斯为另一方，双方就漩涡星云究竟有多远，漩涡星云是由恒星还是气体组成的，为什么漩涡星云都避开银道面三个问题展开了激烈的争辩。

基本小知识

哈根斯

哈根斯（1824～1910），英国天文学家。他没有上过正规学校，1842～1854 年从事商业。1856 年他建造了私人天文台。他是天体光谱学的先驱者，首先把光谱分析应用于恒星研究，并将照相术用于光谱研究。1876～1878 年任英国皇家天文学会会长，1867 年和 1885 年两度得到该学会的奖章。1900～1905 年任英国皇家学会会长。

这是近代天文学史上有名的一次科学大辩论，鉴于这次辩论在星系研究历史上的重要地位，后来取名为"伟大的辩论"。当时，由于他们都提不出令人信服的充分证据，因而并没有互相说服。因为那时的观测水平不足以作出决定性的判断。

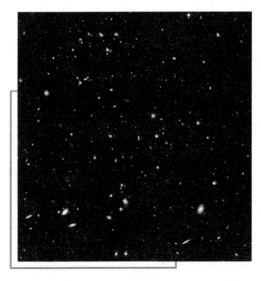

河外星系

直到几年之后，美国天文学家哈勃使用新型望远镜观测，才得出划时代的具有决定性的观测结果。原来，在茫茫的大宇宙中，还有数不清的"银河系"，它们一般称为"河外星系"，我们的银河系只不过是大宇宙中的"沧海一粟"罢了。

哈勃的巡天观测还表明，宇宙中存在着许多大小各异和不同类型的星系。哈勃曾对星系做过科学的分类，迄今仍作为星系分类的基础。根据星系核球的大小和旋臂伸展程度，一般把星系分为椭圆星系、漩涡星系、棒旋星系、不规则星系和矮星系。前四种星系是就其形状而言，而最后一类则是按照星系大小来说的。因此，可以有矮漩涡星系或矮不规则星系等；也可以有巨漩涡星系或巨不规则星系等。

仙女座大星云就是一个典型的具有漩涡状的星系，我们的银河系也属于漩涡状星系。漩涡星系的主体结构是：中心一球状或椭球状的核心部分称为核球，其外一薄薄的圆盘即星系盘，从核球两端延伸出两条或两条以上的旋臂叠加在星系盘上；主体部分的外面是一个近于球状的结构稀疏的晕，称为星系晕。像银河系这样的漩涡星系均有若干条旋臂，它们沿着一个半圆弧往外旋出。

椭圆星系是卵状的，其大小一般可达银河系的 3 倍。棒状星系属于具有漩涡状结构的一种星系。与漩涡星系不同的在于，它的旋臂是从一个棒状结构物两端向外伸出的。不规则星系的外形不规则，没有明显的核心和旋臂，也没有明显的对称结构。例如，位于南天的以葡萄牙航海家命名的大、小麦哲伦星系就属于不规则星系。

在观测河外星系时，人们发现除了不规则星系和一些较暗、小的星系（常称为矮星系）之外，绝大多数星系都有一个或几个尺寸很小却异常明亮的团块，称为星系核。关于星系核的构成现在还不清楚，但大都表现出较强的辐射，辐射波段范围也较星系其他部分宽一些，有的甚至表现出喷射或爆发等剧烈的活动现象。

20 世纪末到 21 世纪初，人们通过对河外星系的广泛研究，发现了许多性质特殊的河外星系，这些星系称为活动星系。这些星系有一个共同的特点，即它们的中心都有一个处于猛烈活动状态的星系核。

与恒星类似的是，星系也有成双、成群、成团的现象。例如，"哈勃空间望远镜"发现，作为海外漩涡星系的仙女座大星云存在 2 个星系核，是一个合并的星系。此外，银河系、仙女座大星云、三角座漩涡星系和大、小麦哲伦星系等 40 多个星系构成了一个星系群，称为本星系群。本星系群的半径有300 多万光年，其近邻有室女座星系团，它包含 2500 个以上的各类河外星系，星系团中心距离我们 6000 多万光年。

一般来说，由两个以上的星系团组成的星系集团称为超星系团，对于由一个星系团和许多星系群组成的星系集团也称为超星系团，即它由本星系群和大熊星系团、室女星系团，以及其他 50 多个较小的星系群和星系团一起组成的，其直径约 1 亿光年，中心在室女座星系团方向上。几年前，已观测到的星系团总数超过了 1 万个，一个星系团可包括几十个、几百个乃至几千个星系。

也许有的读者会提问，宇宙空间究竟有多少星系？这是一个无法准确回答的问题。不过我们简略回顾一下，早在 1934 年，哈勃在研究星系的空间分布时，已经观测到 44 000 个以上；1990 年"哈勃空间望远镜"上天以前，天文学家知道的亮于 20 星等的星系至少有 2000 万个；近年来，"哈勃空间望远镜"陆续发现了成千上万个星系。据估计，我们的宇宙中至少有 2000 亿个星系。

日食的主角——太阳

在茫茫宇宙中，太阳只是一颗非常普通的恒星，在广袤浩瀚的繁星世界里，太阳的亮度、大小和物质密度都处于中等水平。只是因为它离地球较近，所以看上去是天空中最大最亮的天体。太阳是太阳系的中心天体，太阳系质量的99.87%都集中于太阳。太阳系中的八大行星、小行星、流星、彗星、外海王星天体以及星际尘埃等，都围绕着太阳运行。

组成太阳的物质大多是些普通的气体，其中氢约占71.3%、氦约占27%，其他元素占2%。太阳看起来很平静，实际上却无时无刻不在发生剧烈的活动。太阳由里向外分别为太阳核反应区、太阳对流层、太阳大气层。太阳大气层，像地球的大气层一样，可按不同的高度和不同的性质分成各个圈层，即从内向外分为光球、色球和日冕三层。太阳核反应区不停地进行热核反应，所产生的能量以辐射方式向宇宙空间发散。其中二十二亿分之一的能量辐射到地球，成为地球上光和热的主要来源。

宇宙中的重量级明星

站在地面看太阳，红红的，明亮的，光芒四射，十分平静和安宁。但这不是太阳上的真实情况。肉眼看到的太阳已经"化妆"过了。

在北京天文馆的主厅里悬挂着一幅日面景色图：圆圆的日面上火舌翻卷，气浪升腾，高高的气体柱一直上升到 50 万千米高的日面上空。上升的气体达到一定高度后，不再继续往上飞，而是瓦解飞散，纷纷扬扬落回太阳表面，好像天女散花似的。

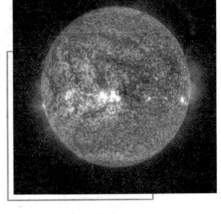

太　阳

这只是一幅粗粗一瞥的太阳活动图画。仔细观察，太阳表面景色比这壮观得多呢！你若用较大的天文望远镜拍摄太阳照片，整个日面布满了密密麻麻的明亮斑点，像水中气泡，像锅中米粒，又像跳动的珍珠。这是太阳上的"米粒"，天文学上叫作"米粒组织"。

把望远镜所成的太阳像投影到望远镜后面的投影屏上，璀璨晶莹的日面上出现一些黑暗的斑点，它们或者结伴而行，或者单个而立。有的威风凛凛在前面开路，有的神气十足在后面督兵。这是大名鼎鼎的太阳黑子。

基本小知识

北京天文馆

北京天文馆是中国第一座天文馆，是国家级自然科学类专题科学博物馆，位于北京西直门外。1957 年 9 月建立。该馆有直径 23.5 米象征天穹的天象厅，中间安装精致的国产大型天象仪，可表演日、月、星辰、流星、彗星、日食以及月食等天象，能容 600 人观看。

假如你用快速摄影机拍摄一部太阳活动区影片，那更是生气勃勃，趣味盎然。看过这种影片的人，没有不拍手叫绝的。那里不仅有翻卷的火舌，飞腾的气浪，抛射的物质，还有比原子弹和氢弹爆炸激烈得多的太阳耀斑。影片里缓缓蠕动的太阳活动区物质，更是风云跌宕，妙不可言。

对于人类来说，太阳系是宇宙中最重要的星系，它幅员辽阔，成员众多。在这个家庭中，太阳是个头号"大个子"，所以我们说它是宇宙中的重量级明星。

八大行星、几千颗小行星、卫星和流星，都不能和太阳相比。在我们的想象中，地球可算硕大无比了，它上面有大洲、大洋、高山、深涧，有一百几十个国家，有 60 多亿人口，绕它赤道一圈有 40 000 千米长。这样的世界还不大吗？然而地球的直径只有太阳的 1/109。木星是行星世界的"巨人"，它的直径是地球的 11 倍。若把木星和太阳作比较，10 个木星直径才能抵得上 1 个太阳直径。

德国有个天文学家，名叫威特曼，专门测量了太阳的大小。他在瑞士洛克尔诺天文台，用针孔摄影机对准望远镜焦点上太阳像，进行了 246 次光电扫描，测出太阳直径为 1 392 530 千米。

木　星

如果我们要想从太阳直径的一端走到另一端，乘速度为 60 千米/时的普通火车，即使昼夜不停地行驶，也得 2 年零 25 天。要说火车速度太慢，我们来看看"神仙"走完这段距离的情况吧。

《西游记》里有个神通广大的孙悟空，一个筋斗就是十万八千里（54 000 千米），天上人间随意行走，再遥远的路程几个筋斗就到了。可是，就算孙悟空要从太阳直径的一端走到另一端，也得翻上 26 个筋斗。

根据太阳直径，立刻就能计算出它的体积来。太阳体积是 140 亿亿立方千米，大约是地球的 130 万倍。就是说，在它里面可以装得下 130 万个地球。

这个明星个头可真够大啊！

也许你会说，个头大也不一定是重量级明星啊！那好吧，如果给太阳称称体重，你就会心悦诚服了。

给太阳称体重？真新鲜！这么大一个火球，烈火熊熊，气浪冲天，又和地球相隔1.5亿千米，怎么提得起来？用什么秤去称？

说起称太阳，还得从伦敦的瘟疫谈起。1665年，在英国首都伦敦发生了一场瘟疫，被传染的人不死也被折磨得九死一生。人们害怕瘟疫，纷纷从首都逃离。一时，繁华热闹的伦敦街头变得冷冷清清。

为了躲避瘟疫，剑桥大学不得不放假，学生们因此纷纷回家乡去了。牛顿当时也在剑桥大学，他也因此回到了家乡林肯郡。

一天夜晚，在深沉的夜色中，一轮明月高高挂在天空，显得无比幽静而神奇。这时，年轻的牛顿独自坐在自己家的果园里沉思。

知识小链接

牛　顿

牛顿（1643～1727）是人类历史上出现过的最伟大、最有影响的科学家，同时也是物理学家、数学家和哲学家。他在1687年发表的《自然哲学的数学原理》里用数学方法阐明了宇宙中最基本的法则——万有引力定律和三大运动定律。这四条定律构成了一个统一的体系，被认为是"人类智慧史上最伟大的一个成就"。

突然，一只苹果从树上掉了下来，落在牛顿脚边。这个不为人注意的自然现象，却触动了牛顿的"灵感"，从此他就经常观察物体下落的现象，探索物体下落的原因。他得到这样的结论：一切物体向地面降落是因为地球在吸引它们。他又问自己：月亮为什么不落到地面上来呢？经过研究，他把物体之间相互吸引的问题进一步推广到月亮、行星和一切天体。这就形成了万有引力定律。

在牛顿以前，曾经有人猜想，引力是和距离平方成反比的。牛顿想证明这个猜想。可是当时没有精确的地球半径数值，牛顿无法完成自己的证明。没办法，他只好等待。

1671 年，法国天文学家皮卡尔测得了比较精确的地球半径数值。这一消息传到牛顿耳朵里，他立即采用这个数值进行计算。越计算，他预期的结果越明显，以致使他激动得无法继续计算下去，不得不由他的朋友代他继续计算。

经过牛顿的精心研究，万有引力定律问世了。这个定律指出，万物彼此吸引，吸引的力量大小与参加吸引的物质的质量成正比，与它们之间的距离平方成反比。

牛　顿

万有引力定律为天文学家称天体提供了重要的科学秤，从此"称"太阳质量就有了可能。利用万有引力定律做"秤"，用地球做"秤砣"，天文学家测算出太阳质量是地球的 33 万倍。这就是说，如果把太阳放在天平上，用地球做"砝码"，需要加 33 万个地球在天平的另一端，天平才能平衡。地球的质量是 60 万亿亿吨，因此，太阳的质量是 2000 亿亿亿吨。

太阳质量在太阳系各成员中是最大的。据计算，太阳系的质量 99% 以上集中在太阳上。由于太阳具有巨大的质量，所以它的吸引力是很大的。太阳能成为宇宙中的重量级明星，紧紧地把太阳系中的所有成员都拉在自己周围，给它们规定运行的路线、行动的速度和各自的地位，都是靠它的强大的吸引力。

太阳对它表面物质的吸引力是地球的 27.5 倍。就是说，一个体重 160 千克的人，如果到了太阳上，他的体重将变成 1650 千克。不要说烈火熊熊的太阳表面人们无法上去，就是将来防温隔热的问题解决了，人类也休想登上太阳。因为到了那里，强大的太阳吸引力会把人压垮的。

太阳质量虽大，但它的密度只有地球的 1/4，即 1.41 克/立方厘米，不到水密度的 1.5 倍。太阳的密度是很不平均的，太阳中心集中了很多物质，密度为 160 克/立方厘米，是黄金密度的 8 倍；而在太阳外面的大气层里，物质则稀薄得像轻纱，比鸿毛还轻。

"炙手可热"的大明星

人们常常会使用"重量级"或"炙手可热"来形容明星。太阳不但是宇宙中的重量级明星，也是一个非常红火的明星。

雄伟壮观的太阳是一个大火球。同地面上的火相比，太阳上的火才称得上真正的大火。地球上燃烧数百吨干柴时，浓烟滚滚，烈焰腾腾，火舌乱舔，噼噼啪啪的爆裂声中，一堆干柴化为灰烬，其火势可谓大矣！

然而，这样的火远远没有原子弹和氢弹爆炸时的火势大。原子弹和氢弹爆炸时，轰隆隆一阵巨响之后，半空中腾起一股巨大的蘑菇云。火光闪闪，数十千米之外都能看见。至于它的热辐射更有摧枯拉朽功能，所

原子弹爆炸

到之处，一切东西都将着火焚烧，其势不比干柴燃烧大得多吗？

然而，原子弹和氢弹爆炸的火同太阳上的火相比，又是相形见绌了。太阳表面的温度是 5700℃，内部的温度还更高，据理论推算，太阳内部高到 1500 万℃ ~ 2000 万℃。试想地球上哪里找得到这样高的温度。

知识小链接

氢弹

氢弹是利用原子弹爆炸的能量点燃氢的同位素氘等轻原子核的聚变反应瞬时释放出巨大能量的核武器。又称聚变弹、热核弹、热核武器。氢弹的杀伤破坏因素与原子弹相同，但威力比原子弹大得多。原子弹的威力通常为几百至几万吨级 TNT 当量，氢弹的威力则可大至几千万吨级 TNT 当量。

　　炎热的夏天，人们汗流浃背，闷热难熬，那时的温度不超过 40℃。炼钢炉内的温度高到能把钢铁熔化成"水"，然而这个温度只有 1000℃ 以上。地面上最难熔的金属是钨，所以电灯泡里用钨丝做灯丝。

　　我们知道，电灯泡里通上电流，灯丝就发出明亮的光焰，而电流一断，灯丝就恢复原状。然而钨若放到太阳表面上，它就不能像在地球上这样安然无恙了，到了太阳上，最难熔化的钨也要化成蒸气。

　　在 18 世纪的时候，化学家们都拿金刚钻没办法，因为它太顽固了，什么也不怕，连用火烧都烧不毁它。因此当时把它当作一种特殊的物质。

　　一位贵妇人知道金刚钻的特性后，觉得很奇怪，便慷慨解囊，拿出几颗金刚钻和红宝石送给化学家们做实验。

　　化学家们把这些珍贵礼物小心翼翼地放在一只耐高温的坩埚里，把口密封好，搁在熔炉里用火烧。熔炉烧到铁和玻璃熔化的温度后，又继续对盛金刚钻和红宝石的坩埚燃烧了 24 小时。之后，拿出来一看，红宝石还好好地保留在里面，而金刚钻却不见了。化学家为此很伤心，因为价格昂贵的金刚钻白白地消失了，什么结果也没得到。

　　这次实验的失败在于没有及时观察金刚钻的熔化过程。吸取了教训后，化学家们改进了实验方案，他们请磨镜师替他们磨了一只放大镜用来聚集太阳光来做实验，否则在熔炉里不能溶化的金刚钻怎么会烧毁了呢？

　　后来，俄国天文学家维·康·柴拉斯基重新做了上面的实验，不过他不是用放大镜来聚集阳光，而是用一块直径 1 米的凹面镜，把它对准太阳后，在凹面镜的焦点上便出现了一个小分币大小的太阳像。他把一根白金丝伸进太阳光束之中的太阳像里，白金丝立刻弯曲起来，像蜡做的一样融化了。

　　由此可知，太阳光束里的温度肯定比白金熔化的温度高。白金熔化的温度是 1770℃，因此太阳表面温度在 1770℃ 以上。后来柴拉斯基又测出太阳像里的使白金熔化的温度是 3500℃，因此当时推测，太阳表面温度在 3500℃ 以上。

　　现在知道，太阳表面温度是 5700℃。这个温度不是用放大镜或凹面镜聚集阳光测出来的，而是用一种叫作光谱分析的方法测量出来的。

　　太阳上不仅火很大，温度很高，光线也很强。有一位科学家想亲眼看一看太阳表面的情况，冒险对它看了一眼。这一眼造成了终身遗憾。科学家的眼睛被强烈的阳光烧坏了。看了太阳一眼，瞎了一辈子。

在美国有过这样的现象：每年秋天来临的时候，医院里神经科的病人逐渐增多起来。这些"病人"既不是口吐白沫、眼睛往上翻的精神病患者，也不是胡言乱语、喜怒无常的疯子，他们是所谓"季节情感失调症"患者。

大多数"病人"向医生诉说："一到初秋时节，随着白天变短，黑夜变长，便出现烦躁、忧虑、嗜眠、关节疼痛、食欲激增和性欲减退等症状。"

精神病专家卢森梭博士对这种"病"进行了研究。他经过查资料、翻阅病例，同有关科学家谈论，最后认为这种"病"是日照时间变化引起的。于是他想用延长"日照"时间的办法来治疗"季节性情感失调症"。他用日光灯代替阳光给"病人"照射。

拓展阅读

太阳能

太阳能一般是指太阳光的辐射能量，在现代一般用作发电。人类所需能量的绝大部分都直接或间接地来自太阳。各种植物通过光合作用把太阳能转变成化学能在植物体内贮存下来。煤炭、石油、天然气等化石燃料则是由古代埋在地下的动植物经过漫长的地质年代形成的。它们实质上是由古代生物固定下来的太阳能。

幸好，卢森梭博士不是天文学家，也没有按照天文学家的办法去做。他要是天文学家，或者按照天文学家的办法，先计算一下太阳光多强，然后按照太阳光线的强度安装日光灯，他的试验方案就实施不成了。因为照在大气层外每平方米面积上的太阳光的热量是1360瓦，要安装日光灯模拟太阳光的话，每平方米面积上要装上34只40瓦的日光灯。这样，"病人"还能治疗吗？

卢森梭博士简单地用日光灯象征性地给"病人"照射，居然收到了良好的效果，大多数"病人"经过2～3天的治疗，症状明显地缓解。真是出奇制胜啊！

对于像卢森梭博士这样的"外行"出奇制胜当然是不能过多地品头论足的，但作为"内行"的物理学家要是这样做就不足取了。物理学家描述发光体发出光线的强和弱，通常用物理量——发光强度来表示，它的单位是坎德拉。1 坎德拉大体上相当于点燃一支标准蜡烛时所发出的光。

　　把太阳光和已知的标准光源进行比较，得到太阳在天顶时照在地面上的阳光要比 1 米远处同时点燃 10 万支标准蜡烛还亮。我们有这样的体会：从炼钢炉里出来的钢水散发的热气是非常强的，离它不远的人，身上的衣服都会烤焦，所以炼钢工人都穿着厚厚的防温隔热的工作服。离钢水远一点，热气就少一点。离得再远一点，热气就再少一点。离钢水越远，热气就越少。

　　一般说来，热气的强弱同到钢水的距离平方成反比。太阳光也是一样。根据太阳的发光能力和太阳到地球的距离，计算出到达地球大气层外面的太阳光是 3000 亿亿亿坎德拉。由于地球大气的吸收等作用，到达地面的阳光大约是 2500 亿亿亿坎德拉。

　　由地球大气层外面接收的太阳热量反推到太阳上，整个太阳每秒钟发射的热量是 37 亿亿亿焦耳。假如在太阳和地球之间架一座直径 3 千米的冰柱桥，这可是巍峨壮观的巨大建筑物。但是，这样的建筑物，太阳在 1 秒钟内放出的热量就可以把它熔化。现在大家知道太阳到底有多热了吧！我们用"炙手可热"这个词来形容它是一点也不为过的。

◥ 太阳不是标准的球体

　　1859 年，法国天文学家勒威耶在计算水星轨道时，发现水星轨道近日点在空间不是固定的，这一现象叫作水星轨道近日点进动。勒威耶当时认为，这一现象可能是水星受到太阳和其他大行星的吸引造成的。于是他把太阳和其他大行星的吸引一一加进去进行计算。

　　可是费了很长时间，太阳和各大行星可能的吸引都加进去了，计算出来的近日点进动值仍然比观测到的数值小。这个问题引起许多科学家的注意，他们纷纷从自己的研究领域寻找解答。但都没有得到满意的答案。

　　1916 年，世界著名的现代物理学家爱因斯坦提出了广义相对论理论。根据这个理论，所有行星近日点都应当有进动，其中以水星的进动值最大。

　　详细计算表明，广义相对论给出的水星轨道近日点进动值和实际测量的数值几乎完全相同。于是人们欢呼雀跃，认为水星轨道近日点进动问题解决

爱因斯坦

了，有的人还提出，水星轨道近日点进动问题"是天文学对广义相对论的最有力的验证之一"。

谁知半路上杀出了程咬金。正当人们喜滋滋地庆贺水星轨道近日点进动问题得到了解决的时候，美国物理学家迪克在 20 世纪 60 年代提出一个新理论，来解释水星轨道近日点进动问题。

这个理论称为标量—张量理论。根据这个理论，太阳自转与小朋友玩的陀螺转动不同。小朋友玩陀螺时，鞭子一抽，陀螺便嗡嗡地转动起来。

仔细观察，陀螺上各点的转动速度是不一样的，中间鼓出的部分，转动速度最快；两端尖尖的部分，转动速度几乎为零。

换句话说，陀螺转动时，离旋转轴越近，旋转速度越小；离旋转轴越远，旋转速度越大。而迪克理论认为，太阳是气体，它的自转速度正好和陀螺相反，离旋转轴越近，旋转速度越快。太阳内部的旋转速度约比它表面快 20 倍。

这种反常的自转，会对水星轨道位置产生一定影响，因而造成了水星轨道近日点进动。仔细计算发现，只要参数选取得合适，它对水星轨道近日点进动的影响也和观测值相符。

两种理论都能解释水星轨道近日点进动，谁对谁错呢？

拓展阅读

水星凌日

在地球轨道内绕太阳旋转的水星和金星叫内行星，水星凌日现象和日月食现象很相像。由于水星轨道和黄道面重合，有一个 7° 的夹角，地球和水星恰好在它们的轨道焦点附近，这个时候太阳、水星、地球在一条直线上才会发生水星凌日。

理论上的矛盾一般由实验来评判。天文学的实验就是观测。

标量—张量理论的立足点是：太阳内部的旋转速度比它表面快 20 倍左右。这个问题得到证实，问题就解决了。另一方面，这个问题又涉及太阳的形状。如果迪克理论成立，太阳就不是一个标准的圆球，而有 4.5/10 万的扁率。

为了验证自己的理论，迪克和他的同事们设法测量太阳的扁率。他们设计了一架专用的望远镜，对太阳进行了初步测量。1967 年公布了测量结果，观测值正好和迪克理论所要求的数值相符。

这个结果一公布，立刻掀起一场轩然大波。迪克理论支持者们高兴得手舞足蹈，他们庆幸标量—张量理论的胜利，欢呼广义相对论的失败。

情况真是这样吗？一些科学家冷静地思索之后，对迪克等人的测量产生了疑问。因为这项测量实在太困难了，地球大气稍微有一点湍动，就会使测量结果出现很大误差。

因此，另一位美国科学家希尔重新组织人力，制造仪器，精心选择观测地址，认真地进行观测。在 1973 年，他们又公布了一批观测结果：太阳的扁率不到 1/100 万。

显然，这个数字比迪克等人预计的小得多。于是迪克理论又败下阵来，广义相对论又转败为胜。

关于广义相对论和标量—张量理论谁胜谁负，我们且不去议论它。有趣的是，这场争论引出一个副产品：太阳至少有 1/100 万的扁率。

这就是说，太阳不是一个标准的圆球，而是一个赤道部分隆起、两极部分凹下的扁球体。这个扁球体的赤道半径比极半径大 6.5 千米。这 6.5 千米之差，对如此庞大的太阳来说，当然是微不足道的，但它的存在说明，太阳也像我们地球一样，不是标准的球体。

◑ 太阳光球与太阳黑子

地球是太阳系中的一个美丽的绿洲，树木葱茏，鲜花盛开，香飘四野，馥郁芬芳。鸟在空中飞，人在地面走，鱼在水底游，到处是生气勃勃的生命活动。

地球上生命活动的能量来自什么地方呢？大部分人都知道答案是太阳。

那么，太阳上的能量怎么传到地面来呢？大部分人也知道这个问题的答案，它是由太阳光传输的。没有太阳光源源不断地输送能量，地面的一切生命活动都不能存在。

如果我们打破沙锅问到底，再问一句：太阳光从哪里发出来的呢？恐怕知道这个问题答案的人就不多了。

在太阳大气层里，有个叫光球的地方，位于对流层的外面，是太阳大气的最低层，厚度大约500千米，压力不到1/10000百帕，几亿亿立方厘米的物质质量才有1克。这便是太阳光发出的地方。我们平时看到的圆圆的日面，就是这个区域。

光球是太阳的一扇敞开的大门，输送能量的太阳光就是从这里发出的。当然，太阳上发射光线的地方，不仅仅在光球一层，其他层次也有。但是，光球物质对光线的吸收和散射相当强烈，以致稀薄的光球大气能够像地球大气中浓雾那样，把太阳内部发射的光线深深挡住。所以，只有光球发射的光线才能向宇宙空间发射。

知识小链接

地球对流层

位于大气的最低层，集中了约75%的大气质量和90%以上的水气质量。其下界与地面相接，上界高度随地理纬度和季节而变化。在低纬度地区平均高度为17～18千米，在中纬度地区平均为10～12千米，极地平均为8～9千米，并且夏季高于冬季。

光球是璀璨晶莹的，但这璀璨晶莹的光球不是洁白无瑕的，在这里有许多结构，例如临边昏暗、米粒组织、光斑、黑子等。

仔细观察，光球上的亮度是不均匀的，最明显的特征是太阳边缘比日面中心暗，这就是临边昏暗。这是光球各部分温度分布不均匀造成的。日面中心的光来自光球较深层次，这里温度较高，所以辐射明亮；日面边缘的光来自光球较浅层次，这里温度较低，所以辐射较暗。测量表明，光球的温度同它里面的高度有关。在光球上层，温度是 4500℃，愈往下愈高，到光球底部，温度上升到 5700℃。平常所说的太阳表面温度，就是光球底部的温度。

科学家在对光球中的临边昏暗、米粒组织、光斑、黑子等的研究当中，要数对黑子的研究时间最长。早在古代社会，我国的科学家就对太阳黑子进行了记录。

但是，肉眼观测太阳黑子受到很大限制，一般只能在特殊的天气条件下，即日光减弱很多时才能观测，否则，强烈的日光会把观测者眼睛灼坏的！

科学地观测太阳黑子是从伽利略开始的。伽利略是用望远镜观测的。伽利略最先用望远镜观测星空，但他不是望远镜的发明人。望远镜是一个小孩在玩耍中无意发现的。

荷兰有个名叫伯希的磨镜师，带了一个徒弟。一天，伯希外出有事，徒弟在家没有事做，感到无聊，就拿几块镜片一前一后地摆着玩。当他顺着镜片重叠的方向望去时，他惊呆了！原来，他在镜片里看到一只毛茸茸的凸眼睛怪物，挥动着前爪向他爬过来。他吓得把镜片扔掉了。扔掉镜片，怪物又不见了。镇定下来后，他再向镜片重叠的方向望去，原来，怪物是一只在窗户上爬行的大苍蝇。小学徒又拿起镜片望窗户，这下他没有看到苍蝇，而看到远方的钟楼一下子跑到跟前来了。他放下镜片，钟楼又回到原来的地方。

伯希回来后，小学徒把看到的一切绘声绘色地描述了一番。伯希再试验，也看到了同样的现象。后来，伯希做了一根长管子，把镜片安装在管子两端，用来看远处的东西，远处的东西也变近了。于是他制了几百架这样的管子，卖给有钱的人，取名为"光管"。光管很快传遍了欧洲。

伽利略从他学生那里知道光管后，便由光管构思出天文望远镜。伽利略的望远镜是世界上第一架望远镜，至今还保存在意大利佛罗伦萨博物馆中。

伽利略用一块黑色玻璃放在望远镜后面，观察太阳时，洁白晶莹的日面上顿时显出一些黑色斑点。这使他感到莫大的迷惑与惊讶。当时，教会在欧洲占据统治地位。按照教会的教义，太阳是一个光洁无瑕的白玉盘。这完美无缺的太阳上怎么会有黑点呢？

知识小链接

伽利略

伽利略（1564~1642），意大利物理学家、天文学家和哲学家，近代实验科学的先驱者。其成就包括改进望远镜和其所带来的天文观测，以及支持哥白尼的日心说。当时，人们争相传颂："哥伦布发现了新大陆，伽利略发现了新宇宙。"今天，史蒂芬·霍金说："自然科学的诞生要归功于伽利略，他这方面的功劳大概无人能及。"

当时有个笑话：一个名叫希纳尔的人也用望远镜看到了太阳上的黑斑。他见此情景，十分惊骇，急忙去报告神父。谁知那位无知而又自命不凡的神父没等希纳尔说完，就不耐烦地打断他的话说："去吧，孩子，放心好了。这一定是你的玻璃或者你的眼睛上有缺陷，使你错把它当成太阳上的黑点了。"

在这种情况下，伽利略对自己的发现十分谨慎。他继续观测了数日，事实证明，日面上确实存在黑子，而且每天在日面上从东到西移动，大约14天穿过整个日面。

你知道吗

伽利略晚年双目失明

伽利略的晚年是非常悲惨的。这位开拓了人类的眼界，揭开了宇宙秘密的科学家，1637年双目完全失明，陷入无边的黑暗之中。他唯一的亲人——小女儿先他离开人间，这给他的打击是很大的。但是，即使这样，伽利略仍旧没有失去探索真理的决心。1638年，他的《关于两门新科学的讨论》出版，这是现代物理学的第一部伟大著作。

1612年，伽利略公布了自己的发现。他在给佛罗伦萨大公科西莫二世的报告中说："反复的观测最后使我相信，这些黑子是日面上的东西，它们在那里不断地产生，也在那里瓦解，时间有长有短。由于太阳大约1个月自转1周，它们也被太阳带着转动。黑子本身固然很重要，而其意义则更深远。"

现在，科学家们已经知道，太阳黑子是光球上局部区域里的炽热气体在运动中形成的巨大漩涡。黑子并不真正是黑色的，一个大黑子的辐射比十五的月亮还要强烈。因为它在运动中把一些能量消耗掉了，所以同光球背景相比，它的温度低一些，因而显得黑一些。

黑子有大有小，小黑子直径几千千米，存在几天时间；大黑子直径可达几十万千米，寿命可达 1 年以上。一个充分发展的黑子，由较暗的核和周围较亮的区域组成，中间较暗的核叫本影，周围较亮的区域叫作半影。

黑子大多数是成群出现的，有时才偶尔见到单个黑子。复杂的黑子群由大小不等的几十个黑子组成。小黑子分布在大黑子周围。一群黑子中往往有 2 个主要黑子，偏西的一个叫前导黑子，偏东的一个叫后随黑子。

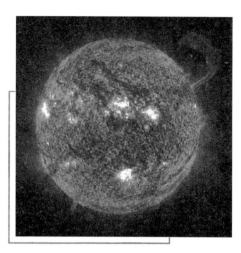

太阳黑子

黑子群的发展过程大体是：最初出现 1～2 个雏形黑子，它们叫作小孔；几天以后，面积扩大，出现半影、本影，出现前导黑子和后随黑子；然后面积再增大，距离边缘，出现许多小黑子，形成一个羽翼丰满的庞大黑子群；最后，黑子逐渐衰落，半影消失，本影缩小，留下一些残剩的磁场。

🔍 色球上熊熊燃烧的烈火

在茫茫草原上，点起一堆堆篝火，远远望去，一块亮，一块暗，星星点点；走近一看，无数火苗在迎风摇曳，舔着它周围的枯草、干柴。

这样的景况也出现在太阳上。1980 年 2 月 16 日的日全食时，我国科学家就看到了色球上的许多小火苗。在月轮完全遮住日面期间，月轮周围显现出的火苗的确和草原上的篝火差不多，火焰中还喷射出明亮的细高火柱，像灌木一样散布在色球上。

色球是光球外面的太阳大气，厚度各处不同，平均厚 2000 千米，温度同高度有关。按照温度可分为三层：①低色球层，厚度大约 400 千米，温度由光球顶部的 4500℃ 上升到 5500℃；②中色球层，厚度大约 1200 千米，温度随高度缓慢上升，在其顶部达到 8000℃；③高色球层，厚度大约 400 千米，温度随高度急剧上升到几万度。

色球的主要成分是氢离子、氦离子和钙离子。氢离子是红色的，所以它呈玫瑰红色。色球的名字就是由它的颜色而来的。通过色球望远镜观测色球，这里好像一片红色的海洋，给人以美丽、神奇而壮观的感觉。在太阳宁静的时候观察，望远镜视场里是"风平浪静"的，红色海洋上微波不兴。在太阳活动的时候，望远镜视场里"篝火"点点，火苗乱摇乱窜，不仅视场中央有，边缘也有，而且边缘的火舌窜得很高，所以，人们把太阳色球叫作"燃烧的草原"。这个燃烧的草原是太阳丰富多彩的活动舞台。

在色球上蹿起的火苗是什么呢？太阳主演的日食电影对人们认识这些火苗起到了至关重要的作用。

1842 年 7 月 2 日，俄国境内发生了一次日全食，吸引了许多人。当日轮被月亮遮住的时候，月亮的四周出现一圈柔和的光芒，并向四周放射很远，活像一只只展翅飞翔的大蝴蝶落在月亮后面。在这些"大蝴蝶"之间，月亮边缘上露出 3 个晶莹闪亮的"山峰"。这个奇景把所有的目击者都吸引住了：天文学家忘记了自己的观测计划，天文爱好者忘记了自己是在"看天"。

太阳色球

这一奇景是什么？以前有没有出现过？天文学家感到迷惑了。他们翻阅以前的观测记录，查阅编年史书。啊，明白了，这不是新的现象，以前的人在发生日全食时也曾见到过。科学家找到了关于日全食的记载，史学家提到过日食时出现的太阳火舌。这在我们中国的史书里早有记载，在公元前 14 世纪的殷代就有明确的记录了。

日全食

日全食是日食的一种，即太阳被月亮全部遮住的天文现象。在地球上月影里的人们开始看到阳光逐渐减弱，太阳面被圆的黑影遮住，天色转暗。全部遮住时，天空中可以看到最亮的恒星和行星。几分钟后，从月球黑影边缘逐渐露出阳光，开始生光、复圆。由于月球比地球小，只有在月影中的人们才能看到日全食。

关于这粉红色景物，曾经提出三种解释：①大多数科学家认为它来源于太阳，是太阳"外壳"的一部分，平时隐没在阳光里看不见，只有在日全食时，月亮将强烈的阳光遮住了，才能显露出来。②有些科学家不同意这种看法，他们肯定地说："它们是月亮上的，太阳光把它照亮了，才看到它。"③也有人认为，它们不是实实存在的物体，是幻觉，是根本就不存在的虚无缥缈的东西。

到底是什么？照片作出了公正的回答。1860 年 7 月 18 日在西班牙发生了一次日食，2 位天文学家对它进行了观测。一位带着照相机在地中海畔观测，另一位在西班牙内地观测。两地相距 400 千米，他们都拍到了很好的照片。底片冲洗出来一看，月亮后面清清楚楚地露出一圈火舌，而且两地的照片上面的火舌是一模一样的。相距 400 千米的两地拍到同样的照片，说明这个粉红色的景物绝不是虚无缥缈的幻觉。

后来，天文学家进一步证明，它们是太阳色球上的，是从色球

你知道吗

日全食证实了广义相对论的正确性

科学史上有许多重大的天文学和物理学发现是利用日全食的机会做出的，而且只有通过这种机会才行。最著名的例子是 1919 年的一次日全食，证实了爱因斯坦广义相对论的正确性。当时全食带在南大西洋上，英国天文学家爱丁顿带着一支热情和好奇心极强的观测队出发了。观测结果与爱因斯坦事先计算的结果十分吻合，从此相对论得到世人的承认。

向外喷出的"火焰喷泉"，现代天文学上叫作日珥。

日珥是从色球层喷射出来的火红的物质，温度高达 500℃～800℃。喷出物上升的高度一般在几万千米，个别大的可达到 150 万千米。迅速隆起的日珥物质在高空中停止上升以后，伸展开来，成为宽阔的浮云，形状千姿百态，有的美如拱桥，有的乱似草芥，有的像节日礼花，有的像天上云霞。由于太阳吸引力很大，大多数日珥物质升到一定高度后又往日面降落，但也有一些扬长而去，成为飘浮在日冕中的"流浪者"。

根据形状和运动特征，日珥可分为 6 种：宁静日珥、活动日珥、爆发日珥、环状日珥、黑子日珥和冕珥。宁静日珥存在的时间很长，寿命甚至达到一年以上，黑子多的时候，它出现得也多。活动日珥是宁静日珥变化而成的，活动程度较大。爆发日珥出现在黑子附近，光很强，活动性很大。大多数爆发日珥像地面火山喷发那样，以迅雷不及掩耳之势冲出日面几万，甚至上百万千米。

从彩虹开始认识阳光

夏天雨后，美丽的彩虹横贯天空，红、橙、黄、绿、青、蓝、紫，恰似彩练当空舞。对我国人民来说，彩虹并不是陌生的自然现象，古人早就知道了。在 3000 年以前的甲骨文中，就有虹的记载。当时，人们认为虹是雨后出现的龙。

到了北宋，沈括和孙恩恭曾对虹作过解释。他们认为，虹是太阳光通过悬在空中的水滴形成的。但是，太阳光通过水滴为什么会变成美丽的彩虹？白色阳光为什么会有不同的颜色？当时还是个谜。

1609 年伽利略把望远镜用于天文观测，开创了光学天文的新时代。但在伽利略时代，望远镜质量非常差，光线通过这种望远镜所成的像总是模糊不清的。这一现象曾经使天文学家伤透了脑筋。然而正是这种使天文学家伤脑筋的现象，给探索太阳光奥秘带来了曙光。

为了改进望远镜的性能，1665 年英国著名科学家牛顿开始了一项新的创造性的光学研究。这项研究是在一间不透光的黑屋子里进行的。做实验的时候，牛顿把门窗关得严严实实的，除了事先凿好的小孔以外，不让任何光线射进屋里。

彩　虹

事先开凿的小孔允许阳光射进屋里。牛顿在阳光射进来的地方放置了一块三棱镜，他想看一看阳光通过三棱镜的情况。装置装好以后，他惊奇地发现，白色阳光通过三棱镜后，在对面墙壁上现出了一个五彩缤纷的彩色光带，红、橙、黄、绿、青、蓝、紫。

经过分析，牛顿得出结论：白色阳光不是单一的，而是复杂的，它由各种颜色的光线组成，三棱镜只是把它们区分开来了。

为了进一步探索太阳光的奥秘，牛顿又在三棱镜后面再放置一块同样的三棱镜，让前一块三棱镜后面的彩色光带再通过第二块三棱镜，两块三棱镜颠倒放置。这样一来，新的奇迹出现了，白色阳光通过第一块三棱镜后变成了色彩斑斓的彩色光带，而彩色光带通过第二块三棱镜后，颜色消失了，色彩斑斓的彩色光带又变成了白色阳光，和小孔里射进来的阳光完全相同。

至此，牛顿完全证明了白色阳光是由红、橙、黄、绿、青、蓝、紫等颜色的光线组成的。这红、橙、黄、绿、青、蓝、紫组成的彩色光带叫作连续光谱。

像彩虹那样，由红到紫分布的连续光谱是太阳光谱的独一无二的成分吗？这个问题在牛顿之后很长时间没有得到解答。

1802 年，英国物理学家渥拉斯顿重新做起了牛顿的实验。不过，他的实验装置不完全和牛顿的相同。他在牛顿装置的三棱镜前面加上一条狭缝，使太阳光经过狭缝后再经过三棱镜。应用这个装置，渥拉斯顿发现，太阳光里除了牛顿发现的连续光谱外，还存在一些暗黑的线条。很可惜，渥拉斯顿的发现没有引起人们的注意，以致埋没了 10 多年。

1814 年，德国物理学家夫琅和费制造出一台分光镜。这种仪器不仅有一块棱镜和一条狭缝，还在棱镜前面加进了一个使狭缝出来的光线成为平行光的装置，在棱镜后面还有一架精密测量光线偏转角度的小望远镜。

渥拉斯顿棱镜

渥拉斯顿棱镜是一种由天然方解石晶体制成的双折射偏光器件，主要成分为 $CaCO_3$ 的斜方六面体结晶。入射一束无偏光束，将被分成两个偏振方向互相垂直的直线偏振光束。两束光的分离角相对光轴而言大致是对称的。普遍的分离角分别为 $5°$，$10°$，$15°$ 和 $20°$。为了保护晶体和方便使用，方解石晶体被组装在一个表面做了黑色处理的铜质圆筒内。

夫琅和费用这个装置观测了油灯光。当油灯的光线通过狭缝进入分光镜后，背景上出现了一条条像线一样的明亮线条。这种线条叫作明线光谱。在这些光谱线中，有一对靠得很近的黄色谱线非常突出。他又用酒精灯和蜡烛做实验，这时一对黄线依然存在，而且还在原来的位置上。

夫琅和费又用分光镜观测太阳，他惊异地发现，太阳光同油灯光、酒精灯光和蜡烛光的光谱截然不同，在太阳光的光谱上，不是出现一条条明线光谱，而是在红、橙、黄、绿、青、蓝、紫的连续光谱上，出现了许多暗线。在 1814～1817 年期间，夫琅和费在太阳光里发现了 500 多条暗线。现在我们知道的暗线数目更多。这些暗线就叫作夫琅和费线。

这些暗线是不是偶然在阳光里见到的呢？不是。在任何一次实验中都可以看到。显然，它们代表了太阳上某些物质的特征。非常有趣的是，在油灯光、酒精灯光和蜡烛光中一对黄线的位置上，在太阳光谱里出现一对醒目的暗线。

为什么在油灯光、酒精灯光和蜡烛光谱里出现明线的位置上，在太阳光谱上却出现暗线呢？当时无人能够回答。

从火灾中认识太阳光谱

1850 年，德国化学家本生发明了一种煤气灯，化学家们称它为本生灯。由于本生灯几乎是无色的，因此很受化学家的欢迎。

他们用本生灯炙烧试剂，可以方便地观察到燃烧的物质不同，火焰的颜色也不相同，从而能分析试剂的成分。例如，用本生灯烧铜时，火焰呈蓝绿色；烧食盐、芒硝和金属钠时，火焰呈黄色；烧钾及其化合物时，火焰呈紫色。可是，用它烧几种物质的混合物时，火焰就分不清是什么颜色了。这个美中不足使本生感到苦恼。

1851 年，本生结识了年轻的物理学家基尔霍夫，并且很快成了莫逆之交。基尔霍夫当时只有二十七岁。

一天，本生和基尔霍夫在一起散步，本生把自己的"苦恼"告诉了基尔霍夫。听了本生的话以后，基尔霍夫立刻想起了牛顿通过三棱镜把阳光分解成红、橙、黄、绿、青、蓝、紫连续光谱的实验，想起了夫琅和费发现太阳光里有暗线光谱的实验。他对本生说："从物理学的角度来看，我认为应当换一个方法试试。那就是不直接观察火焰的颜色，而应该去观察火焰的光谱，这就可以把各种颜色清清楚楚地区别开了。"

本生像

本生采纳了基尔霍夫的意见，并且两人合作实验。他们装置了一架简单，但比夫琅和费分光镜更完善、产生的光谱更清晰的分光镜。用这种仪器观察在本生灯上燃烧的氯化钠、钾盐、锂盐、锶盐等物质的火焰时，他们分别看到了氯化钠有两条明显的黄线，钾盐有一条紫线，锂盐有一条明亮的红线，锶盐有一条清楚的蓝线。

然后，他们又将这些盐混合在一起燃烧，这时，黄、紫、红和蓝等线条清清楚楚显示出来了。

令本生"苦恼"的问题解决了，科学事业向前迈进了一步，两位科学家高兴极了。本生和基尔霍夫运用的方法叫作光谱分析法。这种方法证明：每一种化学元素不仅有一种特有的线条，而且它们在光谱上的位置是固定不变的。利用光谱分析法，我们就能确定星球上含有什么成分。

一天，两位科学家所在的曼海姆城发生了一场大火。这场火把光谱分析法引向了太阳。在古老的大学城海德堡西面 16 千米的地方，有一座热闹的港口城市，它的名字叫曼海姆。1859 年的一个夜晚，曼海姆失火了，火光冲天，周围的夜空被熊熊的大火照得通明。

本生和基尔霍夫在实验室里向外眺望时，看到了这场大火。两位科学家好奇地用分光镜观察这片火海。这一看获得了一项新发现：他们在曼海姆的烈火中看到钡和锶的光谱。

这一发现在本生头脑中久久萦绕。一次在郊外散步的时候，他突然想到，既然可以用分光镜来分析曼海姆的火光，为什么不能用它来探测太阳呢？

趣味点击　忙得没工夫结婚

本生为了事业，终生未娶。有人曾给他介绍女友，他一次也没主动去追求。学生们问他为什么不结婚，他都是说："我总是没有功夫。"罗伯特·威廉·本生只埋头热衷于研究工作，在结婚的日子里竟忘记了举行婚礼的时间，并且就那样不了了之了。

本生首先分析了在油灯光、酒精灯光和蜡烛光中都有的一对黄线。这对谱线在自然界中分布很普遍，稍不留心就会受到"污染"。本生是个细心的实验专家，他把本生灯清洗得干干净净，才做实验。经过一系列实验，他弄清了夫琅和费发现的这对黄线是受热的钠原子。

接着，基尔霍夫研究太阳光中的这对黄线。他让一束太阳光穿过发出黄色钠光的本生灯火焰。他以为如果太阳光中一对黄线是钠原子形成的，那么这一亮一暗的谱线就会重叠抵消。然而观察到的现象使他很惊异：加入钠的火焰后，黄线更暗了。

第二天，他用氢氧焰点燃石灰棒代替太阳做光源，重做昨天实验时，并没有出现暗线。这是怎么回事？经过分析，他发现产生钠焰的本生灯温度太高了，于是他把本生灯换成酒精灯，用酒精灯制造钠焰再做实验时，实验果然成功了。

他成功地观测到了同太阳光谱上完全一致的暗的黄线。由此，基尔霍夫悟出了一个道理：太阳内部温度很高，发出的光谱是连续光谱，太阳外部温度较低，在这里有什么元素，就会把连续光谱中相应元素的谱线吸收掉而出现暗线，例如在太阳外部如果有钠元素，就会在太阳光谱中一对黄线位置上出现暗线。

于是，在 1859 年秋天，基尔霍夫提出两条著名的定律：

（1）每一种化学元素都有自己的光谱；

（2）每一种元素都可以吸收它能够发射的谱线。

从 1860 年起，基尔霍夫和本生开始精心测量元素的谱线波长，并把它们同太阳光谱进行对照。第二年，他们就在太阳光中找到了氢、钠、钙、镁、铬、镍、铜、锌、钡等元素。太阳上有的化学元素地球上都有，这表明它们有同样的起源。

看，火灾对人类认识太阳起到了多么重要的作用啊！光是什么？从牛顿开始，许多科学家探索过这个问题。牛顿认为光是一种微粒，一束光就是一串小粒子，像连珠炮似的从光源射出。而惠更斯则认为光是一种波，像水面上荡漾的波浪，一起一伏地传播。这两种针锋相对的观点，经过长期的争论，谁也说服不了谁。

拓展阅读

基尔霍夫定律

基尔霍夫定律包括电流定律和电压定律，是电路中电压和电流遵循的基本规律，是分析和计算较为复杂电路的基础，1845 年由德国物理学家基尔霍夫提出。它既可以用于直流电路的分析，也可以用于交流电路的分析，还可以用于含有电子元件的非线性电路的分析。运用基尔霍夫定律进行电路分析时，仅与电路的连接方式有关，而与构成该电路的元器件具有什么样的性质无关。

19 世纪，科学家在光学研究上有所突破，这主要是发现了光的干涉（两束光互相作用，产生明暗相间的条纹）、衍射（光线不是沿直线而是绕圈子前进）和偏振（光波有一定的振动方向）。这些发现雄辩地证明光是波动的。相反，光的微粒说则无法解释这些实验事实。这个时候，波动说占了上风。

但是 1887 年赫兹又发现了新的现象：用紫外线照射在电压很高的极板上，就能使极板间发生火花放电。1888 年，斯托列托夫重做赫兹实验时，进一步发现，在电压不高的情况下，用紫外线照在带负电的极板上，也能使极

赫 兹

板失去电荷。这种受到射线照射而产生或失去电荷的现象，叫作光电效应。

光电效应证明微粒说是正确的，而波动说却无法解释它。1905 年，物理学家爱因斯坦提出了光的量子理论，他认为物质的原子和分子发射和吸收的光并不是连续的波，而是由特殊的物质组成的一个个的微粒。这种物质微粒称作光子。

经过反复研究，大多数的人已经认识到，光同时具有波动和微粒两种性质。按照它传播的方式，它是一种波，是电磁波这个大家庭中的一个成员；按照它输送能量的方式，它是一颗颗光子。

太阳光也是一个大家庭。眼睛能看见的光叫可见光。可见光是这个家庭的一部分成员。除可见光外，太阳还发射看不见的光线，其中波长比可见光长的有红外光和无线电波；波长比可见光短的有紫外线、X 射线和 γ 射线等。

肉眼看不见的阳光

说起阳光，人们自然想到五颜六色的可见光。其实，仅把可见光当作阳光是不公平的，肉眼看不见的红外线、紫外线、X 射线以及 γ 射线，也都是阳光的重要组成部分。

红外线是英国天文爱好者威廉·赫歇尔发现的。赫歇尔在天文学上贡献很大，他用自制的望远镜发现了天王星，后来他成为著名的天文学家。

1800 年，赫歇尔在研究太阳光谱不同波长的热辐射时，发现了红外线。他是用灵敏的温度计在可见光谱红端以外的地方发现的。他认为这里有一种看不见的光线，它的位置表明它的频率比红光低，波长比红光长。

后来，他用特殊的感光底片拍摄光谱，证实在红光外侧的确有光存在，并且证实这种看不见的光线和可见光遵循同样的规律。由于它的位置在红光外侧，所以叫它红外线或红外光。

其实，红外线是太阳最热的辐射光线，所以又叫热线。红外线很容易被地面吸收，使地面温度增高，它还可以晒热作物植株，为作物提供热量。

红外线的发现，给人们很大启迪，不久人们就提出这样的疑问：既然红外波段有辐射存在，那么在阳光的紫外波段有没有辐射呢？

1802 年，德国物理学家里特做了一个颇有趣味的实验，他把硝酸银放在蓝光和紫光下照射，看见分解出了黑色的金属银。他又把硝酸银放在紫光外"光线"下照射，结果分解得更快。这个实验证明，太阳光里的确有紫外光线存在。

根据空间天文学家的探测，太阳紫外线分为近紫外线、中紫外线、远紫外线以及 EUV 线四种。这种射线在从太阳来到地面的途中，大部分被地球大气层的臭氧层吸掉了，达到地面的只有很少的一部分，因此太阳紫外线探测都在空间进行。

大量探测表明，在日冕和上层色球之间的过渡区域里，有很多紫外线谱线，它们是传递这个区域消息的重要使者。紫外线对研究这个层次的辐射起着顶梁柱的作用。在 20 世纪 90 年代，甚至直到现在，许多探测太阳的人造卫星，都带有紫外线探测仪器。

X 射线是看不见的太阳光线的重要组成部分。它是 1895 年 11 月 8 日由德国物理学家伍连·康拉德·伦琴发现的。这位杰出的物理学家因为发现了 X 射线，于 1901 年成为第一个诺贝尔物理学奖获得者。

1895 年 11 月 8 日，伦琴在暗室

伦琴

里做阴极射线管中气体放电实验。为了防止紫外线对可见光的影响，他用黑色硬纸把阴极射线管包了起来。实验中，他发现在一定距离以外，涂有铂氰酸钡荧光材料的屏上，发出微弱的荧光。

广角镜

伦琴奖章

这一奖章由伦琴的出生地——德国雷姆沙伊德市颁发，1951 年设立，每年颁奖一次，奖励在 X 射线领域中取得重要进展的研究成果。该奖章以德国物理学家威廉·康拉德·伦琴的姓氏命名，是为了纪念他对现代物理学作出的巨大贡献。

这种现象一般人是不大重视的，可伦琴却对它进行了深入的研究。根据他对物理学的了解，他认为，穿透力有限的阴极射线是无法穿过包有硬纸的阴极射线玻璃管壁的，使荧光材料发光的物质也不可能来自别的地方。但是，使荧光材料屏发光的物质是什么呢？他当时也不知道答案。

严肃的科学态度让伦琴对这种物质进行了深入的研究。在此基础上，他提出一个设想：这是阴极射线撞击在阴极射线玻璃管壁上产生的一种射线。后来的实验证明了伦琴的想法。

X 射线是一种特殊的物质，在电磁场中不像带电粒子那样受电磁力的作用，也不像可见光那样经过不透明物质发生偏转。它有很强的穿透力，能够穿过树木、纸张和铅片，但不能穿过厚金属片；能够穿过肌肉，但在荧光屏上却能留下骨骼的阴影。因此，伦琴用它拍下了第一张骨骼的照片。

尽管如此，当时他对 X 射线的性质还了解得不多，甚至认为它同可见光没有太多区别。因此有人问他"这种射线是什么物质"的时候，他回答说："X。"X 射线的名称就是这样得来的。

太阳表面具有上百万度的高温，日冕里的物质以特殊的形式存在，根据它的温度和物质特殊存在形式，理论家早就预言太阳上有 X 射线存在了。但是由于这种射线在穿越地球大气层时被吸收了，所以要探测太阳 X 射线，就必须深入地球大气层上空。这在气球、火箭和人造卫星还不能用于科学研究的时代，是无法做到的。

1945 年，第二次世界大战结束了，德国、日本和意大利是战败国，美国等国是战胜国。美国从德国那里获得的战利品之一是 V−2 火箭。1946 年，美国海军研究实验室在胡尔布特领导下，利用 V－2 火箭把探测太阳 X 射线的仪器送到了高空。很遗憾，这次实验空手而回，一无所获。

1948 年 8 月 6 日，再次实验获得了成功，拍得了第一张太阳 X 射线照片。后来，海军研究实验室继续进行了探测。大量探测表明，太阳的确是一个很强的 X 射线源。它的强度随着太阳活动周期而变化。现在，经过气球、火箭和人造卫星等运载工具的大量观测得知，太阳 X 射线含有 3 种成分，它们是宁静成分（流量基本上不变）、缓变成分（流量缓慢变化）和爆发成分（在短时间内流量急剧变化），爆发成分又叫太阳 X 射线爆发或太阳 X 射线耀斑。

从此，太阳 X 射线就成了研究太阳的极其重要的电磁波段了。

➡️ 太阳上的 "广播电台"

南京东郊风景区，树木葱茏，青山叠翠。巍巍的紫金山三峰上，有几个圆形屋顶隐藏在绿荫丛中，在阳光照耀下，发出晶莹的亮光。这便是紫金山天文台。

乘汽车沿着蜿蜒曲折的盘山公路迤逦而上，进了大门，登上天文台最高处——天堡城。放眼眺望东方，几个圆顶内望远镜正指向太阳。同时，几架射电望远镜的抛物面天线也正在对向太阳，接收太阳的"广播"。

紫金山天文台

太阳上也有"广播电台"吗？当然有啊！1942 年，正是第二次世界大战最激烈的阶段，炮火连天，弹痕遍地，将士们在进行着血与肉的搏斗，接受着生死存亡的考验。坦克、装甲车和飞机的发动机声，整天轰轰隆隆，不绝于耳。

紫金山天文台

> **基本小知识**

紫金山天文台，建成于1934年9月，位于南京市东南郊风景优美的紫金山上。它是我国自己建立的第一个现代天文学研究机构。中国现代天文学的许多分支学科和天文台站大多从这里诞生、组建和拓展。由于在中国天文事业建立与发展中作出的特殊贡献，它被誉为"中国现代天文学的摇篮"。

为了获得战争的胜利，侦察敌情，防止敌机轰炸，多么需要雷达及时提供信息啊！就在这血与火殊死搏斗中，英国防空部队的4～6米雷达突然受到了电波干扰。当时以为敌机来空袭了，连忙发出防空警报。可是，等了好久，也没见到一架敌机。

那么，这干扰电波来自何处？是"天灾"？是"人祸"？不得而知。于是产生了种种猜想。为了揭露谜底，科学家海伊等人对此进行了深入的研究。

经过仔细分析，他们明白了，这种电波不是敌人发射的，不是地球上所有的。它们来自太阳，是太阳在"广播"。他们还意外地发现，这种电波比具有太阳表面温度的黑体辐射强得多，同黑子、耀斑等太阳活动现象有密切关系。

与此同时，索思沃思应用当时刚制成的新型雷达接收机，在3～10厘米波段发现太阳上也有"广播"。至此，太阳上有"广播电台"确定无疑了。

太阳上无人，也没高大的铁塔架设天线，太阳上的无线电信号从哪里来的呢？是从太阳大气层中发射的。随后，天文学上把太阳发射的无线电信号叫作太阳射电。

在这以后，世界上许多国家广泛地开展了太阳射电的研究工作。现在，射电观测是研究太阳的一个重要部门了。在我国，除紫金山天文台有太阳射电观测和研究以外，北京天文台和云南天文台也都有太阳射电观测和研究。

在第二次世界大战以前，无线电还没有普及。那时，一般的人家不但没有电视，就连收音机也没有，只有作战部队里才有无线电台。在那个时候，当一名无线电台报务员是相当荣耀的。一批德国青年军官当上报务员后，神气十足，走起路来胸脯都挺得高高的。然而好景不长，不久就爆发了第二次世界大战。纳粹德国妄想独霸天下，把许多青年送上战场让他们充当炮灰，报务员们也因此上了沙场。

一天，一名叫布鲁克的报务员在电台前值班操作。前沿战火纷飞，杀声震天。报告战果，下达命令，都由报务员来完成。电讯十分繁忙，布鲁克兢兢业业地做着工作，忙得不亦乐乎。

就在一个命令要下达时，突然耳机里一点声音没有了。奇怪！耳机怎么不响？他检查机器，电台好好的。耳机不响，命令怎么下达？他急忙呼叫，但毫无反应。他赶紧拨动旋钮，改变频率，仍然没有声音。几分钟过去了，始终联系不上。前线德军没有指挥，一片混乱，战役失败了。

战役结束后，布鲁克被军事法庭判处死刑。临刑时，他仰天高呼"冤枉！"为什么在战争的关键时刻无线电通讯会突然中断？布鲁克被判死刑是不是冤枉？当时没人追究。

数年之后，这样的事又发生了。1956 年 2 月 23 日，一艘英国海军舰只在格陵兰海上值勤，从基地出发后一直和基地保持着联系。突然，联系中断了，不管指挥部怎么呼叫，也听不到回音。

指挥员不知发生了什么事情。想来想去，估计可能是军舰遇难沉没了。于是，为"死难者"料理后事忙碌起来。正当人们为"死难者"忙碌的时候，军舰回到了基地，舰上的人员也都好好的。人们惊异得一个个目瞪口呆，不知所措。

这是怎么回事呢？原来这一天太阳上发生了一次大耀斑，是太阳耀斑开的玩笑。太阳耀斑怎么会影响无线电通讯呢？这要涉及我们地球大气层了。太阳辐射中含有大量的 X 射线和紫外线。在这些辐射作用下，在离地面 80 ~ 500 千米的区域，形成一个电离层。电离层又可分为 D 层、E 层和

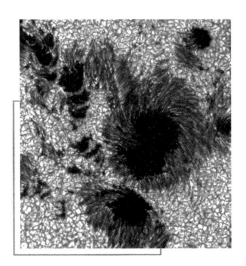

太阳耀斑

F层。D层高度在80～100千米，E层在100～120千米，F层在150～500千米。

F层又可分为F1层和F2层。在耀斑爆发的时候，X射线和紫外线急剧增加，D层的电离度也急剧增加。因此，向着太阳的半个地球上，短波或中波无线电讯号衰减很多，甚至完全中断。出现后一种情况时，无线电通讯不能进行，电台的耳机就寂然无声了。

这样的现象持续几分钟到1小时。这种现象在军事上和日常通讯中都是不可忽视的。为此，天文台一旦发现太阳上有耀斑爆发，就立即向有关部门报告。这项"报告"是天文台为国民经济服务的一项重要内容。

知识小链接

短 波

短波是指频率为3～30MHz的无线电波。短波的波长短，沿地球表面传播的地波绕射能力差，传播的有效距离短。短波以天波形式传播时，在电离层中所受到的吸收作用小，有利于电离层的反射。经过一次反射可以得到100～4000km的跳跃距离。经过电离层和大地的几次连续反射，传播的距离更远。

◤ 太阳磁暴与磁针跳动

一位中学生手腕上戴了一只小巧玲珑的手表，表带上有一只精美别致的小磁针。它平时总是静静地指向南北方向。一天，磁针突然跳动了起来，不停地左右摆动，很久才静止下来。磁针静下来后，又静静地指着南北方向，好像什么事也没发生似的。

她觉得奇怪，就去问老师。老师也说不清楚。她去请教地球物理学家。地球物理学家告诉她，在她表带上磁针跳动的时候，地球发生了磁暴。

"磁暴？它是什么？是怎么产生的呢？"她一口气提出许多问题。

地球物理学家告诉她，磁暴是一种短时间的地磁扰动现象，持续时间几分钟到几天不等。发生磁暴的时候，磁针或做微小的震动，或做剧烈的"颤抖"，甚至可以急促地来回摆动，然后猝然停止。

在磁暴期间，无线电通讯和有线电信都受到强烈干扰。例如，1958 年 2 月 11 日发生全球性大磁暴时，世界各地的无线电通讯全部中断，瑞典的电力线和通讯线遭到破坏，铁路讯号无法使用。

磁暴引起的强大电流，足以使电缆上绝缘材料起火，烧毁安全阀甚至变压器。1975 年 7 月的一次磁暴，欧洲和北美之间的无线电通讯全部中断，欧洲和远东之间的电报联系受到强烈干扰。

广角镜

紫外线杀菌灯

人类很早就有利用太阳光中的紫外光部分杀菌的传统。国内外科技工作者对紫外线的研究已有 200 多年历史，自从德国的贺利氏博士发明第一只紫外线杀菌灯开始，紫外线杀菌技术在越来越多的领域得到更广泛的应用，尤其是在空气杀菌、物体表面杀菌，以及水处理杀菌方面。

磁暴发生在地球附近，根子则在太阳上。这是太阳活动对地球产生的一种影响。科学家发现，在太阳活动高潮或者在太阳耀斑爆发的时候，从太阳上抛射出大量带电粒子、紫外线和 X 射线。

这些"天兵天将"经过 1.5 亿千米的征程来到地球附近后，舞枪弄棒，搅得"四邻"不安。具体说来，紫外线和 X 射线使电离层遭到破坏，从而影响无线电通讯。

带电粒子被地磁场俘获后，按照它们的质量和电荷分成几类，分别送往不同的地方，因此，在地球周围形成一个半径为 2 万~2.5 万千米的巨大环形"电路"。在这种"电路"里流动的电流，在它周围产生的磁场和地球磁场互相作用，产生磁暴。

在一年里，世界性的强磁暴次数是不多的，在太阳活动低的年份只有几次，高的年份有几十次。但强度中等的磁暴或磁扰是经常发生的，尤其在极区，很少有磁宁静的日子。

其实，地球是一块大磁铁，在这块"大磁铁"周围形成了一个巨大的地磁场。20 世纪初以前，人们就对地磁场进行观测了。

1912 年，英国科学家克利从以前的地磁资料中分析出，地球磁场受到一种扰动，这种地磁扰动具有 27 天的重现性。这个数字恰好和太阳赤道区域的自转周期相同。

天文学家认为，这两个周期相同不是偶然巧合，而是有某种联系，它意味着地磁扰动和太阳黑子有密切联系。太阳黑子好像太阳上的一个灯塔，当它照射地球的时候，地磁场就引起剧烈的扰动。一个名叫恰普曼的科学家提出这样一个有趣的假说：在太阳黑子区域有一股连续发出的粒子流射向地球，当粒子流同地球相遇时就引起剧烈磁扰。

由于太阳自转，每过 27 天，这股粒子流重新与地球相遇时，就会引起地磁扰动。这样，地磁扰动就出现了 27 天的重现性。

这个连续发射粒子流的区域位于太阳上什么地方？它的性质如何？当时都不知道。1932 年，比利时科学家巴特尔斯把这个区域称为"神秘的区域"。"神秘"的英文第一个字母是 M，所以称它为"M 区"。

自那以后，许多学者都想观测到这个区域，但因为日冕的物质很稀薄，在可见光波段辐射比光球辐射弱得多，所以都没有成功。1957 年，苏黎世天文台的瓦尔德迈尔从地面谱线资料中发现，日冕中有些地区的谱线强度总是比别的地方弱，他称这些区域为"洞"。

日　冕

20 世纪 60 年代，一些探空火箭拍摄的太阳 X 射线照片和紫外线像上，也显示了"洞"的现象。但当时还没引起足够的重视。直到 1968 年，美国才在"轨道太阳天文台"4 号、6 号和 7 号等卫星上，对日冕强度大尺度减弱进行定期观测。

大量观测表明，瓦尔德迈尔所说的"洞"的确是一种真实的客体，不是偶然看到的局部现象。1973 年 5 月，美国发射的"天空实验室"在 8 个月的连续飞行中，用白光日冕仪、X 射线频谱仪、掠射式 X 射线成像望远镜、太阳紫外分光光谱仪、太阳远紫外频谱仪和紫外频谱仪 6 套设备，取得了大量数据。

天空实验室

　　天空实验室是美国的第一个试验型空间站，是 1973 年 5 月 14 日，美国在肯尼迪宇宙中心发射的第一个轨道空间实验室，是人类迄今向近地轨道发射的人造天体中重量和容量最大而又最复杂的一个。天空实验室是通过两次发射对接而成的。

　　这些资料都表明有"洞"存在，因为这个"洞"出现在日冕上，所以叫它"冕洞"。现在，冕洞这个名称得到了科学界的承认。冕洞的发现，持续了 40 年的 M 区之谜才被揭开。至此人们才知道：冕洞就是 M 区。

▶ 认识冕洞和太阳风

　　冕洞是什么？就是日冕照片上大片暗黑的区域，这里的物质密度和温度比周围日冕低，磁场同普通的条形磁铁磁场不一样。在条形磁铁周围撒些铁屑，铁屑将以磁铁为中心，形成一个个圆圈。这说明条形磁铁的磁力线是封闭的。而冕洞的磁场则呈开放型。若在冕洞里撒些铁屑，则铁屑将向行星际空间"无限"延伸。

　　由于冕洞里面的物质稀薄，辐射比周围低得多，所以在白光照片上，这里出现大片暗黑区域。但由于物质很稀薄，要从地面光学资料中发现冕洞是很不容易的。空间观测对冕洞的证实和进一步了解起了重要作用。"冕洞"这个词就是从太阳 X 射线像上得来的。

　　根据空间观测资料，在太阳活动从峰年往谷年下降时期，冕洞大致有三种：①极区冕洞，位于太阳的南极区和北极区，常年都有。②孤立冕洞，位于低纬地区，一般面积较小。③延伸冕洞，分别向南和向北延伸，向南延伸的，从北极区延伸至南纬 20°左右；向北延伸的，从南极区延伸至北纬 20°左右。延伸冕洞和极区冕洞相接，面积较大。

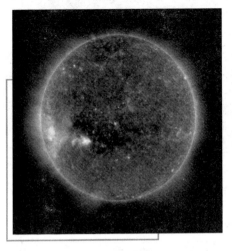

太阳上的冕洞

"天空实验室"观测表明，冕洞的寿命很长，一般能持续5个太阳自转周期，有的达8～10个太阳自转周期。一个太阳自转周期是27天，因此冕洞存在的时间一般是100多天，有的甚至达1年以上。

这样长的寿命绝不是太阳活动的产物，因此前面所说的恰普曼的假说是不对的。M区不是同太阳黑子有关。根据现在的了解，M区就是冕洞，冕洞就是太阳日冕层上宁静的区域，因此，引起地磁扰动27天重现性的，是太阳日冕上的宁静区域，不是太阳活动区。

太阳日冕上宁静区域为什么能引起地磁扰动呢？原来，冕洞里的磁力线是向行星际空间张开着的，所以有大量带电粒子一面沿着磁力线转圈子，一面向前跑。这些从太阳上出来、沿磁力线进入行星际空间的带电粒子和磁场，就是太阳风。

太阳风起源于日冕，是日冕气体不断膨胀的结果。地面上的风主要是空气流动。太阳风主要是质子、电子和少量的重原子核，还有磁场。地面上12级台风的速度是33米/秒，而太阳风的风速可达400千米/秒。同地面的风速相比，真正的狂风只有太阳风才相称。

太阳风吹来，给我们带来了什么？把美丽的女神"奥罗拉"带来了。奥罗拉原是罗马神话中驱散星斗的曙光女神。她是太阳神阿波罗和月亮神狄爱娜的妹妹，长得很漂亮。大概奥罗拉觉得自己的芳名送给点染极地夜空的极光更合适吧，现在西方都把极光叫作奥罗拉，我们中国人还称它极光。

极光的确很美。1885年挪威极光学者索弗斯·特朗霍尔特赞美它道："人世间没有任何色彩和画笔能描绘出它那难以想象的绚丽，也没有任何文字描写出它无与伦比的秀美。"

极地探险家弗雷德乔夫·南森描述了1893年11月28日的极光。他是这样写的："出来一看，我愣住了。无法形容的美丽极光宛如七彩长虹在空中辉映，令人难以置信这是在人间。我从未看到过如此绚丽的色彩。始见黄色，逐渐变成绿色，接着在'拱桥'的边缘上出现了宝石般的闪闪红光，并很快地扩展到整个'拱桥'。霎时，蛇状火焰从西方地平线上翩然而起，愈近愈明亮。嗣后，'长蛇'分成三条，颜色也改变了。南面的'长蛇'变成红宝石般的颜色，并杂有黄色的斑点。正中间的'长蛇'呈黄色，北面的'长蛇'为淡绿色。光束像穿过暴风雨前的磁场媒质波一样在'长蛇'身边飞驰。光束如梭，忽明忽暗，'长蛇'冲天而过。整个事件像是一场由彩色火花组成的无休止的幻景，超越了任何梦境中之所见。"

美丽的极光被人们认为是点染极地夜空的神秘之光，就连祖祖辈辈居住在北极，平常看惯了极光的因纽特人和拉普人，也感到它们中间隐藏着浓厚的神秘色彩。住在加拿大哈得孙湾附近的因纽特人，把极光看成是引导死者灵魂走向天堂的火炬。

极　光

芬兰的拉普人说，极光是捐躯沙场的亡灵在太空中浴血奋战。即使在波罗的海沿岸的爱沙尼亚，也流传着极光是天上的酣战的传说，说是在某一个圣夜，天上的帷幕被拉开，人们可以从地上窥视到战斗的情景，两名斗士正要挥戈对战，天神不许可，把他们拉开了。

1621 年，法国数学家、天文学家伽桑狄在法国南部看到了极光，他把曙光女神的芳名奥罗拉送给了它，称它是奥罗拉·保莱埃里斯，即北方的曙光。这是极光科学成为现代科学的开端，从此人们开始探索它的成因。

历史上对极光的成因提出过三个有趣的理论：①认为极光是围着北冰洋燃烧起来的火；②认为是透过大地尽头薄薄的地面和冰层而泄漏出来的阳光；③认为极光是北极的冰和雪吸足了白昼的阳光，在夜晚以我们尚未认识的某种机制，把阳光又释放出来的现象。

发现哈雷彗星的哈雷认为，从地球的磁核飞出来的"磁粒子"不断地沿着磁力线飞驰。如果地球大气处于某种不稳定状态，磁粒子群就会和大气碰撞而发出极光。德梅兰不同意哈雷的看法，他认为极光是太阳大气扩展到地球上，使地球大气发光的。在此同时，俄国的罗蒙诺索夫、英国的坎顿和美国的富兰克林，都用雷雨放电来解释极光。

哈雷彗星纪念邮票

为纪念哈雷彗星回归，1986 年 4 月 11 日，我国原邮电部发行了一套《1985～1986 哈雷彗星回归》特种邮票，全套 1 枚，面值 20 分。图案展示了哈雷彗星瑰丽的光彩。在茫茫宇宙空间，哈雷彗星犹如一道光彩夺目的闪电，拖着一条漂亮的长"尾巴"，姿态雄伟，神采奕奕。

后来发现，这些解释都不正确。科学家发现，极光是地球大气外面来的粒子流同地球大气碰撞而发光的。不同种类的粒子同大气碰撞，发出不同颜色的光辉，就像五光十色的霓虹灯发光机那样，所以极光的颜色是五彩缤纷的。这种从地球大气外面来的粒子就是太阳风。它"吹"到地球附近以后，沿着磁力线向地磁两极移动，到了极区便沉降下来，在沉降的过程中同大气碰撞，发出美丽的极光。

极光是美丽的，可惜它只出现在高纬度地区，我国位于中纬和低纬度地区的居民是很少有机会一饱眼福。然而在北京以北，特别是黑龙江北部的漠河地区，还是有机会见到它的。

📷 见不到 "现在的" 太阳

问你一个很简单的问题：今年元旦你早上 7 点钟起床，这件很平常的事，应该是时间问题，还是空间问题？你可以不假思索地回答：这当然是时间问题。但是，你想过没有，当你元旦那天正在晨练的时候，你远在美国的亲友们"这个时候"在做什么？他们居然还生活在去年。此时也许正在为欢庆除夕夜做准备呢！如果打电话互致问候，竟然是 2 年间的"历史会谈"。那么，这仅仅是时间问题吗？显然，此时必须要回答：你指的是什么地方的早晨 7 点钟？北京的？莫斯科的？纽约的？因此，看起来是简单的时间问题，却必然包含空间的概念。

那么，空间离得开时间吗？例如，当你在万里无云的夜晚观赏美丽的星空时，你在天幕上看到的是"空间"，还是"时间"？你也许认为：这当然是空间，这是由远近的星辰组成的立体空间。其实不然，这样的空间也绝不能脱离时间而单独存在！

这是因为我们是用眼睛观察世界的，"看"东西必须依靠光，只有当光进入眼睛时，我们才感觉看到了。虽然光的传播速度极快，每秒钟可以走 30 万千米，但绝对不可能变成"无限快"。

因此对于任何物体，我们是绝对不可能"马上"看到的。当然，在日常生活中，由于观察的距离太近，与光速相比，差距实在太大，因此，这样的时差完全可以忽略不计。但是一旦用眼睛去观察遥远星际时，由于距离一下子拉得极大，"光速"问题就马上突出出来了。

例如，我们观赏日出，当太阳的光辉从地平线突然跃入眼帘时，大家都会兴奋地欢呼起来。但是你也许不曾想到：由于太阳离地球约 1.5 亿千米，尽管走得极快，阳光也要经过 8 分钟才能到达地面，因此，我们看到的"日出"，应该是 8 分钟以前太阳的影像，"现在"的太阳，却早已高挂天空，我们欢呼的只是太阳的"历史功勋"。

因此，除非我们有本领直接到达太阳的表面，否则我们永远看不到"现在的"太阳。如果在"日出"时太阳突然消失，那么也要等 8 分钟后才能感受到"暗无天日"的苦难。

这就是爱因斯坦的时空观：离开了空间，就谈不上时间；离开了时间，同样谈不上空间，二者应该熔为一炉，合为一体。

因此，我们夜晚所看到的天幕，绝不是一个简单的立体空间，而应该是一部"时空合一"的宇宙历史电影。那些点点繁星，每一点代表的时间都是不相同的。有的是几十年前的景象；有的则是几千年、几万年甚至几十亿年前的画面。它们穿越了漫长的时空，到达我们的眼睛里。尽管都在用极高的光速"拼命奔来"，但都已是很早以前的历史事实了。想必此时此刻有许多的星体已不是风华正茂，而是风烛残年；有的甚至早已寿终正寝、烟消云散了，但它们在我们的这片夜空中还在演绎着宇宙不同时间的历史故事。在浩瀚的宇宙中，时间、空间相互交织在一起，无论如何也难以分开了。

现在，再设想一下：如果我们有可能生活在其他的星球上，并且用精密的仪器来反观地球，那么，我们也是永远看不到"现在的"地球。但我们却能看到地球过去的历史：人类祖先的起源，秦汉帝国的风采，鸦片战争的苦难……

我们不是为6500万年前恐龙的绝灭争论得不亦乐乎吗？现在已知"室女星座"中有的星系离我们大约有6500万光年的距离，如果那里存在一颗"地球"，而且也演化出了智慧生命，他们高度发达的文明也许大大超过我们，可以用更先进的手段将地球看得一清二楚，那么，他们"现在"看到的是什么呢？正好是当年恐龙灭绝的真实状况！

因此，我们何必要争得面红耳赤呢？问一问他们，不是都解决了吗？当然，如果你要打电话给他们，他们再答复你，你就必须是一位极其高寿的老人，因为那将是1.3亿年以后的事了！

知识小链接

恐 龙

恐龙是指生活在距今2.35亿年至6500万年前的一类爬行类动物，支配全球生态系统超过1亿6千万年之久。一般认为大多数恐龙已经全部灭绝，仍有一部分适应了新的环境被保留下来，如鳄类、龟鳖类；还有一部分沿着不同的进化方向进化成了现在的鸟类和哺乳类（包括我们人类）。

太阳还能燃烧多久

对于我们地球人来说，宇宙中没有哪个天体能像太阳那样与我们如此亲近。尽管太阳发出的光和热中只有1/22亿到达地球，但也足以使地球成为现在这样一个生气勃勃的世界了。

在19世纪末期，地质学家在南非的特基斯瓦尔的地层中，发现其中的硅化岩中存在与今天的蓝藻有相同复杂结构的单细胞组织，这证明了地球上早在35亿年前就有生命存在了。这就是说，太阳照耀地球已有几十亿年了。

太阳连续发光几十亿年，它这种神奇而又似乎永不枯竭的能源是什么呢？

对于太阳能量来源之谜，直到 1938 年，美国科学家贝特才初步解开。

贝特认为，太阳能源来自太阳内部的热核聚变。太阳中心的温度高达 1500 万℃，压力也十分巨大。在这种高温、高压条件下，物质的原子结构自然会被破坏，结果发生每 4 个氢原子核聚合成 1 个氦原子核的物理过程，与此同时释放出巨大的能量。

基本小知识

核聚变

核聚变是指由质量小的原子，主要是指氘或氚，在一定条件下（如超高温和高压），发生原子核互相聚合作用，生成新的质量更重的原子核，并伴随着巨大的能量释放的一种核反应形式。原子核中蕴藏巨大的能量，原子核的变化往往伴随着能量的释放。如果是由重的原子核变化为轻的原子核，叫核裂变，如原子弹爆炸；反之叫核聚变，如太阳发光发热的能量来源。

这个过程在物理学上称为热核聚变。热核聚变反应比化学燃烧释放的能量要大 100 万倍以上。热核反应放出的能量究竟有多大呢？简单点说，1 克重的氢变成氦时，放出来的能量等于燃烧 15 吨汽油的能量。1 千克重的氢的能量，抵得上数百列火车的煤。作为核武器之一的氢弹比原子弹的威力还要大得多，氢弹爆炸时发生的就是这种热核聚变反应。

太阳辐射就是在氢聚变成氦的过程中产生的。在每 1 秒钟里，就有 63 000 万吨氢聚变成 62 540 万吨氦。从太阳每秒钟消耗的氢的数量来看，它似乎不会维持很久。但事实并非如此。这是由于太阳有着巨大质量的缘故。

太阳的质量为 2200 亿亿亿吨。这巨大的质量中，大约有 53% 是氢。这就是说，太阳目前约含有 1160 亿亿亿吨氢。

除了氢之外，太阳质量的其余部分几乎全都是氦。氦比氢更致密些。在相同的条件下，氦原子的质量是同量氢原子质量的 4 倍。有人计算过，如果换算成体积，太阳大约有 80% 是氢。

天文学家推算，大约在五六十亿年前，太阳在银河系诞生，一团主要由原始氢构成的星云不断旋转，形成了一个漩涡，由于引力的影响，所有的气体都向云的中心聚集，于是产生了高压和高温，将太阳原子核"炉火"点燃。

从此，这个巨大的核子炉便开始沸腾至今。太阳现在正处于壮年时期，预计现在太阳上的氢，继续这样"燃烧"下去，至少还能"燃烧"四五十亿年的时间。

到那时候，太阳上几乎全部的氢都燃烧掉了，变成了氦。那时的太阳将变得"虚胖"，即它的物质密度变低，体积开始膨胀，一直膨胀到地球公转的轨道外面。

黑　洞

我们知道，离太阳最近的行星是水星，第二个是金星，接着就是地球、火星，到那时的太阳会把水星、金星、地球，还有火星，都一个个地吞没。那时的太阳颜色发红，虽然其表面的温度会比现在低，但是它却可以把地球上的海水蒸发干净。

天文学家给这种又大又红的恒星起了个名字，叫"红巨星"。据天文学家估计，太阳演化成红巨星之后，再过几亿年即将衰亡，成为一颗体积很小、密度很大、发光微弱的天体，叫作"白矮星"。再往后，太阳可能会演变成一个体积比白矮星还要小许多，而且不发出任何光线的天体——"黑洞"。

当然，我们不必为50亿年后地球是否毁灭而惊慌。也许到那时，人类早已到达别的星球上重建家园了。按照现代世界上科学技术发展的速度来看，人类将具备这种能力。

月食的主角——月球

　　月球，俗称月亮，是环绕地球运行的一颗卫星。它是地球唯一的一颗天然卫星，也是离地球最近的天体。月球的年龄大约有46亿年。月球与地球一样有壳、幔、核等分层结构。月球直径约3474.8千米，大约是地球的1/4，月球到地球的距离相当于地球到太阳的距离的1/400，所以从地球上看月亮和太阳差不多大。月球的体积大概有地球的1/49，质量约7350亿亿吨，相当于地球质量的1/81，月球表面的重力约是地球重力的1/6。

　　月球表面有阴暗的部分和明亮的区域，亮区是高地，暗区是平原或盆地等低陷地带，分别被称为"月陆"和"月海"。因为月球的自转周期和它的公转周期是完全一样的，所以地球上只能看见月球永远用同一面向着地球。

🔎 月亮的身世至今无法解释

月亮是地球最近的伴侣，是人们探索宇宙的第一站。但是，月亮是从哪里来的呢？它是怎样形成的呢？对它的身世，人们至今还没有弄清楚。

广角镜

前苏联"月球"号创造的众多第一

第一件到达月球的人造物体是前苏联的无人登陆器"月球2号"，它于1959年9月14日撞向月面。"月球3号"在同年10月7日拍摄了月球背面的照片。"月球9号"则是第一艘在月球软着陆的登陆器，它于1966年2月3日传回由月面上拍摄的照片。另外，"月球10号"于1966年3月31日成功入轨，成为月球第一颗人造卫星。

在一个多世纪以来，科学家们相继提出了许多月球成因的假说，总的说来有分裂说、俘获说、同源说和碰撞说四大类：

（1）提出分裂说的科学家认为，地球和月球原来是一个行星。当这个行星还处于熔融状态时，由于星体高速的自转，行星从赤道带上甩出了一大块物质，月球就是由这块物质形成的。

分裂大致发生在地球已形成地核以后，月球是含金属很少的地球中间层——地幔分出去的。所以月球的化学组成与地幔相似，而与整个地球的平均成分不同。月球的实际情况正是如此，分裂说似乎很有说服力。

然而，科学家经过计算后发现，如果让液态地球物质从赤道分离出去，地球的自转速度必须很快，自转一周应不大于2.65小时。

问题出现了。地球自转一周的时间不能大于2.65小时，那是多么快的速度啊！是什么原因使地球自转得这样迅速

月　亮

的呢？分裂说没有提供令人满意的证据。

如果月球是从赤道上飞走的，那么它的轨道平面应该与地球赤道平面相一致。但事实上，月球轨道平面与地球赤道平面有一个不小的夹角。这又是为什么呢？分裂说也没有回答。

（2）俘获说的提出者认为，地球和月亮诞生在同一块太阳星云里。月亮诞生以后，起初独自绕太阳公转。后来由于天体的碰撞或其他的原因，它走近地球，冷不防被地球的引力抓住俘获，于是就变成了地球的卫星。这一戏剧性的事件，大约发生在 35 亿~40 亿年前的某一个时期。

趣味点击　对月球的权利问题

虽然月球登陆者将前苏联的旗帜散布在月面各处，美国国旗也象征性地插在阿波罗太空人登陆建立的工作站，但目前没有任何一个国家宣称月球表面的任何一部分是他们的领土。前苏联和美国在 1967 年签署的太空法，它定义了月球和外太空是"全人类所共有的地方"，这份条约也限制了月球只能供和平目的的使用，明确禁止军事设施和大规模毁灭性武器的设置。

他们还认为，月球和地球的化学组成及密度不同，它们有各自不同的来历。而且行星捕获一些小天体成为自己的卫星，也时有发生。

地月系

但是，使人费解的是月亮不同于一般的小天体，要俘获它是很不容易的。月球原先绕日公转速度很快，当它接近地球时，必须大大减慢速度才有可能被地球的引力捉住，原则上不是从地球身边溜走，就是撞在地球上。它是怎样轻易地就做了别人的俘虏的呢？

一些学者对地球俘获月球的过程进行了详细的分析计算，对月球在接近地球时，会不会放慢"步"，专门做了研究，但结果令人遗憾。另外，科学家根据氧同位素测定，认为地球和月球的物质有近缘关系，而不像是从前离得很远以后才被俘获的。

（3）地月同源说的学者认为，月球和地球是一对"孪生兄弟"，是双双相伴而在同一块星云中诞生的。

月亮成为地球的伴侣，不是偶然事件凑合成的，完全是自然而然的事。不过，同胞兄弟应十分相像，它们的成分却差异很大，又如何解释呢？

经过一段时间的思索，有些学者作出这样的假设：地球和月球虽然是由同一块星云形成的双星，但形成方式和时间上有先有后。地球是凝聚铁金属"装备"了地球。剩余的物质凝集成了月球，所以它们虽然是孪生却不太相像。

（4）研究月球起因的不少学者认为，碰撞能说明许多月球成因的难题，天体的碰撞时有发生。月球碰撞形成的假说听起来似乎离奇，但有较大的可能性。

主张碰撞的学者认为，在地球形成后不久，一个来自太阳系内部的、像火星那样大的天体，以11千米/秒呈斜角碰撞了地球。这一碰不仅使地球自转变快了，同时在碰撞最强的部位，抛出了许多因撞击加热而气化了的岩石物质。这些气体先是绕地球转动，而后凝聚成了月球。撞击物质中既有地球的，也有撞击者留下的。

由于地球和那个肇事天体的碰撞是在双方岩石外层和地幔部位发生的，这就形成了月球物质组成中缺铁而多岩石的现状，其成分与地球又有一定的亲缘关系。

各种说法都有自己的道理，但是又都有一些难以解释的问题存在。那么月球究竟是怎么形成的呢？我们相信在不久的将来，科学家们一定会给我们一个合理的解释的。

"地球卫士" 的庐山真面目

虽然人们至今无法解释月球的身世，但是它自从诞生之日起就充当起了地球忠诚的"卫士"，这是不争的事实。月球，我国古时候称太阴，民间叫月亮。它还有几个高雅的名字——素娥、婵娟、嫦娥、玉盘、冰镜……

　　月球是地球独一无二的卫星，哥白尼称它为地球的"卫士"。自从它诞生以来，在数十亿年的漫长岁月里，它始终与地球形影不离。它是地球唯一的天然卫星。像地球一样，它是一颗坚实的固体星球。它一面绕着地球转，一面和地球一道绕太阳运行。

　　在民间传说中，月亮是一个美好的世界，其中广寒宫尤其令人心驰神往：白玉石的台阶，白玉石的柱子，飞檐戏彩，碧瓦流丹，是神仙居住的地方。传说，唐明皇游月宫时，广寒宫里一片仙乐之声，众仙女挥袖舞袂，载歌载舞，唱起了《羽衣霓裳曲》。

　　遗憾得很，被称为天堂和仙境的广寒宫原来是徒有虚名的。400 多年前，意大利著名科学家伽利略自制了一架望远镜。1609 年末，他用这架望远镜首次观察了广寒宫。这是人类第一次用望远镜观测别的星球。

　　由于伽利略的一举成功，从此开创了光学天文的新时代。但是，伽利略没有看到广寒宫的雕梁画栋，没有看到嫦娥仙子的婀娜舞姿，也没有看到白毛红眼睛的小白兔。

趣味点击　　月亮的别称

　　传说月中有兔和蟾蜍，故称月亮为"银兔"、"玉兔"、"蟾兔"、"金蟾"、"银蟾"、"玉蟾"、"蟾宫"、"蟾蜍"；传说月中有桂树，故称月亮为"桂轮"、"桂宫"、"桂魄"；传说月中有广寒、清虚两座宫殿，故称月亮为"广寒"、"清虚"；传说为月亮驾车神将名叫望舒，故称月亮为"望舒"；传说嫦娥住在月中，故称月亮为"嫦娥"、"姮娥"。

　　由于望远镜遥望和宇航员的亲临拜访，目前人类对月球的了解远远超过对南极和大洋的底部的了解。按照现代认识，被誉为广寒宫的月亮上既无空气又无水，是一片毫无生气的不毛之地。由于没有空气，失去了传播声音和散射阳光的媒介，因此，月亮上听不到声音，见不到蓝天，整天昏昏然暗黑一片，即使在阳光高照的"白天"，天空依然明星高照，星斗阑干。

　　由于没有空气保温，月球的表面温度变化相当剧烈。白天，中午的温度高到127℃，比我国最热的地方——吐鲁番盆地还要热得多。夜晚，黎明前的温度降到 –183℃，比地球上冰天雪地的两极地区还要寒冷。

月亮是一个不大的天体，平均直径是 3476 千米，大约是地球的 3/11。根据它的直径，就能计算它的表面积和体积。月亮的表面积是 3800 万平方千米，相当于地球表面积的 1/14，比 4 个中国还要小。月球的体积是 220 亿立方千米，只有地球体积的 1/49。

也许你会感觉很奇怪，既然太阳比地球大得多，地球又比月亮大得多，为什么看起来太阳和月亮差不多大呢？

原来我们看到的星球大小叫视大小。视大小由它们的角直径度量。所谓角直径，就是天体的圆面直径在观测者眼睛里所张的角度。这个角度是由天体的直径和它到观测者距离的比值决定的。

月面像一面明镜，太阳像一个圆盘。太阳的直径大约是月亮的 400 倍，太阳到地球的距离也大约是月亮的 400 倍，因此两者的角直径大体相同，所以看起来它们大小差不多了。

月亮的质量是分析它对地球上物体产生的吸引力得出来的。根据万有引力定律，月亮对地球上物体的吸引力，同月亮和被吸引物体的质量成正比，同它们之间的距离平方成反比。被吸引物体的质量是已知数，月亮到地球的距离也已经知道，只要测出被吸引物体受到月亮的吸引力是多少，立刻就能算出月亮的质量。

用什么作被吸引物体呢？最适当的当然是海水。月亮默默地吸引海水，使海水每日升高两次，这叫潮汐。

精确地研究潮汐时海水升高的高度，便可以测出月亮的吸引力，因而可以测量出月亮的质量。用这种方法确定的月球质量，约等于地球质量的 1/81，即 7400 亿亿吨。

将月球的质量除以它的体积，就得到它的密度。月球的平均密度为 3.34 克/立方厘米，是地球密度的 3/5，比组成地壳岩石的平均密度稍大一点。

根据月球的质量和半径，很容易计算出月球表面的重力，只有地球的 1/6。就是说，一个在地面上重 60 千克的人，到了月球上，体重只有 10 千克，和地球上一个抱在怀里的娃娃差不多重。

由于重力小，在月球上人人都是跳高健将。在地球上，朱建华曾经以 2.39 米的成绩成了世界跳高冠军。在月球上，要跳过 2.39 米是不费吹灰之力的。像朱建华这样的优秀运动员，跳过 8 米是不成问题的。

由于重力小，在月球上举步行路十分艰难。首次登上月球的美国宇航员阿姆斯特朗从登月舱上下来，9 级扶梯竟花了 3 分钟。看了他沿登月舱扶梯跟跟跄跄而下的镜头，真叫人捧腹大笑。

月球表面

过去很长的时间里，人们生活在地球上，"坐地观天"，看到的奇观异景往往无法解释，只好乞求神话来帮忙。用肉眼看月亮，最明显的特征是明暗相间、影影绰绰的，古人把这些特征想象成桂花树、广寒宫、蟾蜍和小白兔。

用现代望远镜和其他仪器测量，以及宇航员在月球上的考察，都没捕获到兔子，相反，倒"抓"到了山和"海"。根据现在的认识，月球上是高低不平的，高的是山，凹的是"海"，主要结构有下面几种：

（1）"海"。说来奇怪，月亮上没有空气和水，哪里来的海？原来这是月球上明显的暗黑部分。它们是伽利略首先发现的。

1609 年，伽利略用望远镜观测月球时，看到月面上亮的部分是山，可惜，他的望远镜放大倍率太低，看不清暗的部分是什么。他根据地球上有山有水的自然景色，把这些暗黑的部分想象为海洋，并给予"云海"、"湿海"和"风暴洋"之类的名称。实际上，月海是低凹的广阔平原。

现在人们已经知道，月面的"海"约占可见月面的 2/5。著名的月海共有 22 个，其中最大的是风暴洋，

"月海"

面积约 500 万平方千米，有半个中国大。其次是雨海，面积约 90 万平方千米。此外，月面上较大的海还有澄海、丰富海、危海等。

环形山

月面上不仅有"海"，还有"湾"和"湖"。月海伸向陆地的部分称为"湾"，小的月海称为"湖"。

（2）环形山。月面上山岭起伏，峰峦密布，最明显的特征是环形山。"环形山"来源于希腊文，意思是碗。通常把碗状凹坑结构称为环形山。最大的环形山是月球南极附近的贝利环形山，直径 295 千米。其次是克拉维环形山，直径 233 千米。再次是牛顿环形山，直径 230 千米。直径大于 1 千米的环形山比比皆是，总数超过 33 000 个。小的环形山只是些凹坑。环形山大多数以著名天文学家或其他学者名字命名。

环形山是怎样形成的呢？有两种理论：①认为是流星、彗星和小行星撞击月面的结果；②认为是月面上火山喷发而成的。现在看来，这两种方式都可以形成环形山。小环形山可能是撞击而成的，大环形山则可能是火山爆发的结果。

除"海"和环形山外，还有险峻的山脉和孤立的山。月面上的山有的高达 8000 米。它们大多数是以地球上山脉的名字命名的，例如亚平宁山脉、高加索山脉和阿尔卑斯山脉等。最长的山脉长达 1000 千米，高出月海 3 ~ 4 千米。最高的山峰在南极附近，高度达 9000 米，比地球上世界屋脊——珠穆朗玛峰还高。

（3）月面辐射纹。这是非常有趣的构成物，常以大环形山为中心，向四周作辐射状发散出去，成为白色发亮的条纹，宽 10 ~ 20 千米。在向四周伸展出去的路上，即使经过山、谷和环形山，宽度和方向也不改变。典型的辐射纹是第谷环形山和哥白尼环形山周围的辐射纹。第谷环形山辐射纹有 12 条，从环形山周围呈放射状向外延伸，最长的达 1800 千米，满月时可以看得很清楚。

（4）月陆和峭壁。月面上比月海高的地区叫月陆，其高度一般在 2 ~ 3 千米，主要由浅色的斜长岩组成。在月亮的正面，月陆和月海的面积大致相等；在月亮背面，月陆的面积大于月海。经同位素测定，月陆形成的年代和地球差不多，比月海要早。

在月球表面上，除了山脉和"海洋"以外，还有长达数百千米的峭壁，其中最长的峭壁叫阿尔泰峭壁。

◐ 月亮与 "主人" 之间的距离

月球作为一名"卫士"，同它的"主人"——地球相处得很好。它诞生40 多亿年以来，始终围绕着地球不停地转动。

此外，它还是满天星斗中离地球最近的一颗星，平均距离只有 384 401 千米。月球到地球的距离，只有太阳到地球距离的 1/400。

38 万多千米，一颗速度为 500 米/秒的炮弹，需要飞行 9 天；每秒传播332 米的声音，需要传播 13 天。即使是光线，从月亮到达地球，也得走 1.25秒钟。这样遥远的距离是如何测量出来的呢？用皮尺测量吗？天各一方，人如何在辽阔的宇宙空间一下一下地摆弄皮尺呢？幸好，科学家们有聪明才智，他们会出主意，能想办法。在天文学家的精心钻研下，一个个巧妙的办法被想了出来。

第一次测量月球距离的是古希腊的喜帕恰斯。他利用月食测量了月亮的距离。当时希腊人已经意识到，月食是由于地球处于太阳和月亮中间，地影投射到月面上造成的。根据掠过月面的地影曲线弯曲的情况，能显示出地球与月亮的相对大小，再运用简单的几何学原理，便可以推算出月亮的距离。看，月亮主演的《月食》这部电影对古人认识月球和地球之间的关系起到了多么重要的作用啊！

喜帕恰斯得出，月亮到地球的距离几乎是地球直径的 30 倍。假若他采纳了埃拉特塞尼的地球直径数字，那么月亮到地球的距离是 381 000 千米，和今天采用的数字很相近。

喜帕恰斯

喜帕恰斯，（约前 190～前 125），古希腊最伟大的天文学家。他算出一年的长度为 365 又 1/4 日再减去 1/300 日；发现白道拱点和黄白交点的运动，求得月亮的距离为地球直径的 30 又 1/6 倍；编制了几个世纪内太阳和月亮的运动表，并用来推算日食和月食。他发现公元前 134 年新星，由此推动他编出一份包括 850 颗恒星的位置和亮度的列表。

1751 年，法国的拉朗德和拉卡伊，用三角法精确地测量了月亮的距离。三角法是测量队常用的一种方法，它能用来测量不能直接到达的地方的距离。

比如，在一条奔腾咆哮的河对岸有一建筑物，要想知道它的距离，又不能渡过河去，就可以用三角法测量。

方法是在河这边选取两个基点，量出它们之间的距离（这两个基点之间的连线叫基线），然后在两个基点上分别量出被测目标同基线的夹角，就可以计算出被测建筑物的距离。拉朗德和拉卡伊用的正是这种方法。

不过，由于天体都很遥远，用三角法测量天体时，基线要取得很长。拉朗德和拉卡伊选取柏林和好望角作基点。拉朗德在柏林，拉卡伊在好望角，同时观察月亮。他们测得月亮离地球是 384 400 千米。

随着科学技术的发展，20 世纪 50 年代以来，先后发明了雷达测月和激光测月。雷达测月在 1946 年开始试验，1947 年首次获得成功。用这种方法测量的月一地距离是 384 403 千米，误差在 1 千米之内。目前国际天文界共同采用的数字是 384 401 千米。

激光的发明，特别是 1960 年第一台红宝石激光器问世，使得天文学家有可能将雷达天文扩展到光学阶段。在测量月一地距离时，人们用激光雷达代替无线电雷达，这就是在科学界很受推崇和注意的激光测月。

由于激光的方向性极好，光束非常集中，单色性极强，因此它的回波很容易同其他形式的光区分开来，所以激光测月的精确度远比雷达测月高，可精确到几十厘米。

第一次成功地接收到月面反射回来的激光脉冲是 1962 年，它为激光测月拉开了序幕。7 年以后，美国用"阿波罗 11 号"宇宙飞船把两名宇航员送上了月球。

他们在月面上安装了供激光测距用的光学后向反射器组件。这个组件反射的激光脉冲，将严格地沿着原路返回地面激光发射站，供地面接收。用这种方法测量月—地距离，精度可达到 8 厘米。

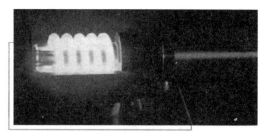

红宝石激光器

基本小知识

阿波罗 11 号

"阿波罗 11 号"（Apollo 11）是美国国家航空航天局（NASA）的阿波罗计划中的第五次载人任务，是人类第一次登月任务，三位执行此任务的宇航员分别为指令长阿姆斯特朗、指令舱驾驶员迈克尔·科林斯与登月舱驾驶员巴兹·奥尔德林。1969 年 7 月 20 日，阿姆斯特朗与奥尔德林成为了首次踏上月球的人类。

🔘 月球公转与月相的变化

月亮是个颇有趣味的天体。这不仅在于它有美妙的神话传说，还在于它能在太空漫步和就地转圈子。用天文学上的话来说，就是月亮的运动。

月亮有两种运动：围绕地球的公转和绕轴自转。此外，在地球上来看，还有像其他星星一样的东升西落运动。不过，那不是月亮本身的运动，而是地球自转的反映。月亮在自己的轨道上，围绕地球转了 40 多亿年了，还没停歇过。

月亮绕地球运行的轨道叫白道。白道是一个椭圆，扁扁的，地球位于椭圆的一个焦点上。白道上距离地球中心最近的一点叫近地点，最远的一点叫远地点。近地点到地球中心的距离是 356 400 千米，远地点到地球中心的距离是 406 700 千米。

天体运行轨道的形状由它的偏心率决定。偏心率大，表示椭圆较扁；偏心率小，表示椭圆较圆。白道的偏心率是0.0549，比黄道略扁一些。

拓展阅读

白道与黄道

白道与黄道的交角在4°57′～5°19′变化，平均值约为5°09′，变化周期约为173天。由于太阳对月球的引力，两个交点的连线沿黄道与月球运行的相反方向向西移动，这种现象称为"交点退行"。交点每年移动19°21′，约18.6年完成一周。这一现象对地球的章动和潮汐起重要影响。

白道和黄道相交于两点，一是升交点，一是降交点。这两点的位置不是固定不变的，而是不断地西移，每隔18年7个月，沿黄道移动一圈。由于交点西移，月亮东移，所以月亮连续2次经过某一交点的时间间隔，比它连续2次经过某一恒星的时间间隔要短。

前者叫交点月，后者叫恒星月。交点月等于27.21天，恒星月等于27.32天。因为只有当月亮位于交点附近时，才有可能发生日食和月食，所以月亮经过交点的时间，同日月食有很大关系。

白道不仅同黄道有一定的夹角，同它的赤道面也有6°41″的夹角。因为这一倾斜的存在和月亮运行速度的不均匀性，在月球运动过程中，地面上某一固定地点的观测者，才能看到一半以上的月亮表面。

月亮的自转和公转最直接的反映就是月相的变化。"人有悲欢离合，月有阴晴圆缺，此事古难全。"这是苏东坡的著名词句。

十五的月亮，圆圆的，明亮的，像一面明镜，洁白、美好。"花好月圆"更是一种诗情画意的境界。然而被人称作"天灯"的明月，并不是夜夜照耀在天空的。在农历初八、九和廿二、廿三，天边的明月变成了"阴阳脸"，半边明亮，半边黑暗。在农历初三、四和廿五、六，月面明亮的部分更少，只有镰刀似的弯弯一钩月牙。而农历月初和月底，连月牙也不复存在了。

这是怎么回事呢？很多人不知道。于是出现了种种猜想。有的人认为，有东西挡住了月亮，全部挡住，看不见月亮；挡住一部分，看见部分月亮；

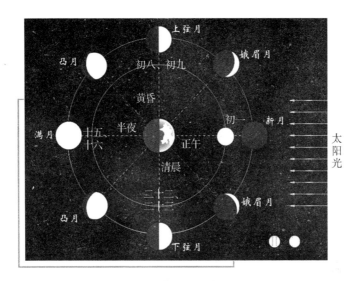

月球公转与月相变化

一点不挡，看见一轮明月。

也有人认为，月亮半边发光，半边不发光。不发光的半边朝我们的时候，我们看不见月亮。发光的半边朝我们的时候，我们看见圆圆的月亮。在这两种情况中间，我们看见部分月亮。

这些说法貌似有理，其实都是错误的。早在我国东汉时期，著名天文学家张衡就认识到，月亮本身不发光，它是被太阳照亮的。朝向太阳的一面就亮，背着太阳的一面就暗。他在《灵宪》中写道："月光生于日之所照，魄生于日之所蔽；当日则光盈，就日则光尽。"这些认识是正确的。

基本
小知识

张 衡

张衡（78～139），字平子，南阳西鄂（今河南南阳市石桥镇）人，我国东汉时期伟大的天文学家、数学家、发明家、地理学家、制图学家、文学家、学者，在汉朝官至尚书，为我国天文学、机械技术、地震学的发展作出了不可磨灭的贡献。由于他的突出贡献，联合国天文组织曾将太阳系中的1802号小行星命名为"张衡星"。

月亮本身的确不会发光，是靠反射太阳光而发亮的。没有太阳的照耀，我们便看不到月亮。太阳只能照亮半边月亮，另外半边照不到。只有向着太阳的一面才明亮，背着太阳的一面是黑暗的。

月亮在绕地球公转的过程中，太阳、地球和月亮的相对位置是经常改变的，地面观测者看到的月面明暗部分，也将随这三者相对位置的变化而变化。月亮盈亏圆缺的各种形状叫作月亮的位相，简称月相。月相的变化就是日、月、地三者相对位置变化造成的。

月相变化图是月亮、太阳和地球三者相对位置的示意图。当月亮转到太阳和地球之间时，月亮朝地球的一面背着阳光，因此我们看不见月光，这是"朔日"。朔日在农历初一。

朔日后的第一天，太阳刚落山，月亮就在西方地平线上了。往后，每隔一天，月亮就东移一点，向地球的一面被太阳照亮的部分也增加一点。

朔日后两三天，天空就出现一钩弯弯的娥眉月，习惯上叫作"新月"。在娥眉月的时候，往往能在月牙外面看到稍暗的一圈光辉，这叫"灰光"，或称"新月抱旧月"。这个所抱的旧月不是别的，正是我们地球反射的太阳光照到月亮上的结果。

新月以后，月亮继续东移。我们见到的月面部分也继续增大。到朔日后七八天，即农历初七、八时，朝地球的月亮，半边黑暗，半边明亮，因此我们能看到半边月亮，这叫"上弦"。

上弦以后，月亮渐渐转到和太阳相对的一边，朝地球的一面照到太阳光的部分越来越多。当太阳、月亮和地球三者成一直线，地球位于太阳和月亮中间时，朝地球的一面月亮全部被太阳照亮，我们能看到整个圆面，这叫"满月"，或者叫"望日"。望日一般在农历十五或十六。

望日以后，月亮继续绕地球运行。但日、月、地的相对位置发生了变化，因此朝地球的一面被太阳照亮的部分在逐渐减少。望日后七八天，即农历廿二、三的时候，朝地球的一面月亮又是一半明亮，一半黑暗，我们又只能看到半个月亮。这叫"下弦"。

下弦以后，月亮继续绕地球运行。朝地球一面的月亮被照亮的部分越来越少，最后只剩弯弯一钩月牙，这叫"残月"。

在农历月底的时候，连一丝残月也见不到，最后又回到朔日。

月相就这样周而复始地变化着。月相变化的周期叫作"朔望月"，一个朔望月等于 29.53 天。为了计算方便，一个月平均为 29.5 天。月大 30 天，月小 29 天。

在编制农历的时候，"朔"日规定在每月初一。由于月相变化的真正周期（29.53 天）比一个朔望月（29.5 天）长，所以"望日"不一定在农历十五，可能在十六或者十七。

你知道吗

农历并非真正的"阴历"

农历是中国长期采用的一种传统历法，它以朔望的周期来定月，用置闰的办法使年平均长度接近太阳回归年，因这种历法安排了二十四节气以指导农业生产活动，故称"农历"，又叫"中历"、"夏历"，俗称"阴历"。农历是中国目前与格里历（即公历）并行使用的一种历法，人们习称"阴历"，但其实是阴阳历的一种，并非真正的"阴历"。

仔细观察月夜星空，不难发现月亮的运动和其他星星不同。月亮升起的时间，同前一天与它同时升起的星星相比，要迟得多，好像它在向东方后退似的。这个现象还可由日落时月亮在天空的位置看出来。

在朔日，夕阳傍山时月亮位于西方地平线上。在娥眉月时，它位于西南方天空。上弦月时，它升到了正南方向。满月时，"日落西山，月升东海"。下弦月时，月亮姗姗来迟，半夜才从东方地平线上爬起来。残月出现，天已黎明了。

这种现象是月亮公转造成的。根据计算，月亮每天相对于恒星东移 13.2°，每小时大约移半度，月亮的圆面也大约只有半度，所以，月亮每小时在恒星之间约移动一个月面的距离，27 天多就可以移动 360°，也就是一圈。就是说，假如月亮起初位于一颗亮星附近，第二天它就到了该星东面 13.2°，第三天在该星东面 26.4°，依此类推，27.32 天以后，它们又走到一起来了。月亮这种从某恒星出发，在天空周游一圈，又回到该星附近同一位置的时间间隔叫作"恒星月"。前面说过，一个恒星月等于 27.32 天。

综上所述，恒星月、朔望月和交点月的长度是不相同的。为便于记忆，将它们列在下面。

朔望月：**29.53** 天，

恒星月：**27.32** 天，

交点月：**27.21** 天。

月球自转和 "摇摆舞"

除了绕地球公转外，月亮还在原地打转转，这就是自转。"月亮有自转"有人不相信，"用望远镜看月亮，它老是一面朝着我们哩。"其实，正是这个"老是一面朝着我们"才证明它有自转。不然的话，它在公转的时候，朝我们的一面要不断地改变。

老是一面朝着我们，泄漏了一个天机：月亮上"一天"等于"一年"。这里所述的"天"和"年"是同地球类比而言的。

在地球上，"一天"是地球自转一圈的时间，"一年"是地球绕太阳公转一圈的时间。月亮上"一天"等于"一年"，表示它的自转周期和公转周期相同。

月面上没有空气，即使在阳光耀眼的"白天"，仍有满天星星。在月球上看太阳，它在空中运行得十分缓慢。

因为月面上无法区分年和月，白天和黑夜各长 14.8 天，因此，月亮上的日出和日落的过程是壮观的、漫长的，其过程可长达 1 小时。

在日出的时候，东方会出现一种日冕光造成的奇景。美国宇航员亲眼目睹了这一美景。他形容说："美极了，很难用语言来形容。"

另一方面，环形山给月面上造成了犬齿形的"地平线"。这种"地平线"在日出和日落时，也能产生美丽的奇景。这种奇景能保持好几分钟，看了真叫人如痴如醉！

应当指出，月亮并不是严格地一面朝着我们的，如果是这样，我们只能看到 50% 的月面，而实际上我们却看到了 59% 的月面。这 9% 的月面是在它摇摆时看到的。

月亮的"摇摆舞"天文学上叫作"天平动"。月亮的天平动分为几何天平动和物理天平动两种。几何天平动又名"光学天平动"和"视天平动"。它是由几何方面的原因引起的。它有上下和左右的摇摆。

具体说来，一种是前俯后仰的摇摆。当月亮运行到白道最北点时，人们可以在月亮南极多看到6°41′区域；月亮运行到白道最南点时，人们可以在月亮北极多看到6°41′区域。

这种前俯后仰的摇摆，是月亮的赤道和黄道有6°41′的夹角造成的，天文学上叫作"纬天平动"。

第二是左右摇摆。月亮在椭圆轨道上运行，当它在轨道上从近地点奔向远地点时，它西边外侧在经度方向有7°45′被地面上看到；当它由远地点奔向近地点时，它东边外侧在经度方向有7°45′被地面上看到。这种现象是月亮在椭圆形轨道上运动速度有快有慢造成的，这种摇摆叫作"经天平动"。

第三是由于视差原因。在月亮从地平面上升起和降落的时候，还能多看到1°左右的月面，这叫"周日天平动"。

物理天平动是描述月亮自转轴状态的。现代的电子计算机计算表明，月亮自转轴所指的方向不是固定不变的，自转速度也有变化，它们形成一个幅度较小的摆动，周期为1个月。像地极移动一样，这种摇摆也会造成2秒左右的天平动。

月亮在围绕地球公转的时候，每天从西向东前进了13.2°，这使得月亮从地平线上升起的时间和位置每天都有所不同。

在时间上，平均每天约晚50分钟升起，即第二天月亮从地平线上升起的时间比第一天晚50分钟。这个变化不是月亮速度变化造成的，而是白道面与地平面所成的角度不同的结果。

虽季节不同，但这个数字变化很大。秋季，这个角度较小，所以每天晚的时间少；春季，这个角度较大，所以每天晚的时间多。

以北纬40°地方为例，秋季的时候，有时月亮比前一天晚升起22分钟；

趣味点击　月球上的不明飞行物

从"阿波罗8号"开始，10号、11号、16号、17号都曾目击或拍摄过月面不明飞行物的照片，甚至早在1966年，美国的"月球轨道环形飞行器2号"就发现，在月面上有一些排列有序的12～23米高的塔状建筑物，随后，前苏联的宇宙飞船也发现了这些建筑。

而在春季，有时却比前一天晚升起 80 分钟。由于月亮从地平线上升起的时间一天比一天晚，所以在同一个时间，月亮在天空的位置也一天比一天向东移。

在位置上，月亮和太阳的情况相似，出没的方向和到达天空正南方的高度都有较大的变化。

月亮的出没和太阳的情形正好相反：日出时月落，日落时月出。冬季，太阳从东南方升起，在西南方落下，而月亮从东北方升起，从西北方落下，半夜时到达正南方，位置最高。

冬季月亮在天空照耀的时间比其他季节长。夏季，满月出没的位置犹如冬天的太阳，从东南升起，在西南落下，到达正南的高度也很低。

➡ 月球上的神奇景象

阿姆斯特朗

第一位踏上月面的宇航员阿姆斯特朗在向月面降落时，曾向地球发回这样的报告："……月面的颜色很有趣，当你从与太阳光相平行的角度观察时，月面是灰白色；观察角度与阳光成立角时，却又变成了一种奇怪的深灰色。"

"阿波罗 8 号"的飞行员也曾说过："月球上不是黑便是白，没有一点其他的颜色。"

然而当你站在月球正面抬头仰望地球时，月空中巨大蔚蓝色的星球，光色亮洁，美丽而又亲切。在阳光照耀下，地球上淡蓝色的大气层里环绕着片片白云。深蓝色的是海洋，黄色的是陆地，覆盖着白色冰雪的是极地。

基本小知识

阿波罗8号

"阿波罗8号"（Apollo 8）是阿波罗计划中第二次载人飞行，三位执行此任务的宇航员分别为指令长弗兰克·博尔曼、指令舱驾驶员吉姆·洛威尔与登月舱驾驶员威廉·安德斯。"阿波罗8号"是人类第一次离开近地轨道，并绕月球航行的太空飞船。"阿波罗8号"同时还是"土星5号"火箭的第一次载人发射。

在月球上看地球圆面要比满月大14倍，比满月亮80多倍，因而在月面上的地光照耀下，可以看书看报。还可以十分明显的看到地球上被太阳照亮的白天部分和黑夜部分。

还有一种奇特的现象，那就是在月球的正面，地球永不下落，而太阳、恒星却在它身后徐徐而过。想改变地球在月空中的位置那倒也不难，只要观测者挪动在月面的位置便可以了。

如果你站在低谷环形山旁看地球，地球挂在南方天空；向南走到沿海地区时，又会发现明亮的地球移到了北方天空。在月球东部看，地球在西方天空；在月球西部看，地球又出现在东方。到了月球背面，地球则隐没永不露面。这一现象说明了地球在月球上空的位置不随时间而变，只与观测者所在月面的位置有关。

在月球上看地球，地球也有外表的相貌变化，类似于月相的变化。地球位相变化的过程跟月亮的位相变化过程恰好相反。

比如在地球上初一时，月球处在日地之间，人们见不到月亮，但在月球上看地球，地球恰是又圆又亮。而在十五、十六满月时，地球恰好处在月亮与太阳之间，这时从月球上应该看不到

从月球上看到的地球

地球，可是由于地球周围的大气折射和散射太阳光，所以在月球上仍可以模糊地看见地球。

地球周围有一层很厚的大气包围着，太阳光射入地球大气层时，蓝色光受到地球大气的散射，使我们能够看到蔚蓝色的天空。然而在月球上没有空气散射太阳光，我们可以看到的是太阳高悬天空，天空仍然一片漆黑。星星像一粒粒夜明珠和太阳一起镶嵌在黑丝绒似的天幕上，同升同落。太阳是那样明亮，慢慢地在星星间自西向东穿行。

在月球上能见到日食，却看不到地球食。月球上的日食现象，是指地球在太阳与月亮之间，大致成一连线时，地球遮住太阳的现象。

月球上的日食是一幅非常美丽的景色，是地球上的日食无法比拟的。由于地球周围包裹着一层厚厚的大气，太阳光中的红光通过这层大气折射到月球上来，使整个月球在日全食的过程中沐浴在一片神秘的古铜色的光辉中。这时，月球漆黑的天空中挂着的地球则像一个黑色的圆盘，周围围着一圈红色的光环。整个日全食过程最长可以延续 2 个多小时，可让人们尽情欣赏。

在月球上观看日出、日落同样让你激动不已。那是因为月球上环形山造成犬齿形的"地平线"，会使日出或日落时出现地球上仅有日全食瞬间出现的"贝利珠"。夺目的光辉从山隙中喷薄而出，而又能在好几分钟内保持这种现象，真叫人如痴如醉。

◆ 神秘而又频繁的月震

在月球上发生类似地震一样的震动，叫月震。1969 年以前，人们谈起月震来，还只是作为一件奇事来猜想，或进行科学推测而已。总之，那时的月震确实还是个谜。

人类为了实现登月的理想，必须要确切掌握月面环境状况，如月球表面结构如何？月球内部活动怎样？有没有月震？月震的能量有多大？月震的频次是多少？等等，问题直接涉及人类能不能登月，能不能长期在月球上停留。因此，探索月震活动是实现人类登月考察的重要问题之一。

广角镜

嫦娥一号

"嫦娥一号"是中国自主研制并发射的首个月球探测器。主要用于获取月球表面三维影像、分析月球表面有关物质元素的分布特点、探测月壤厚度、探测地月空间环境等。"嫦娥一号"于2007年10月24日，在西昌卫星发射中心由"长征三号甲"运载火箭发射升空。"嫦娥一号"发射成功，标志中国成为世界上第五个发射月球探测器的国家。

1969年7月，美国"阿波罗11号"载人飞船首次登月时，放到月面的科学测量仪器中，就有自动月震仪。在以后几次人类登月活动中也都带去了测量月震的仪器。

第一个自动月震仪放在月面的静海西南角。其他5个分别在风暴洋东南边、弗拉·摩洛地区、亚平宁山区的哈德利峡谷、笛卡尔高地和澄海东南的金牛—利持罗峡谷。因此，人类在地球上就能了解月球的脉搏——月震。

探得月震次数每年平均近千次，多属深源震，强度不如地震大，仅相当于1.2级地震。月震在月球内部要经过多次日波反射，震波持续的时间长。

同样震级的小震，在地球上持续1分钟左右，而在月球上要持续1个小时。在月震中，有陨石撞击引起的月震，还有为测试月面和月亮的物理性质，而向月面抛射登月舱和引爆金属管、枪榴弹筒等物质引起的人工月震。

如今已知，向着地球这面的月震比背着地球的那面月震多。向地球一面分布着4个深月震的震中带。月海区比月陆区的月震多，深震源区有109个，在这些区域反复发生月震。科学家们发现，深月震

宇航员在安装月震仪

的时间分布有一定的周期规律，有13.6日、27.2日和206日等周期，说明深月震的发生与地球和太阳对月球的起潮力有触发性的关系。

科学家还得知浅月震比深月震少，在1万多次月震中只记录到28次。但浅月震能量大，已记录到最大的浅月震为4.8级，浅月震与地月之间的位置无明显关系。有人认为浅月震可能属月球的构造月震，但也有人不同意这个观点，仍属奥秘。

应当特别指出的是，月震仪每个月都会记录下相同的曲线。分析后发现：每个月当月球离地球最近时，也是受到地球引力最大时，月球就会出现完全相同的月震特征。而这种情况几乎是不应该发生的。

广角镜

嫦娥二号

"嫦娥二号"是"嫦娥一号"的姐妹星，由"长征三号丙"运载火箭发射。但是"嫦娥二号"上搭载的CCD相机的分辨率将更高，其他探测设备也将有所改进，探测到的有关月球的数据将更加翔实。"嫦娥二号"于2010年10月1日18时59分57秒在西昌卫星发射中心发射升空，并获得了圆满成功。

换个说法，就是月震以一个月时间为间隔发生，就像时钟一样准确。当月球最接近地球（近地点）时便开始出现月震的最初征兆，在月球运行到距近地点五天前，月震的初兆便显露出来，简直像时钟一样准确。

科学家对这种现象感到十分惊异。"阿波罗12号"飞船与"阿波罗14号"飞船在月球上安装的月震仪记录的结果全都一样。

美国《纽约时报》也报道了这一奇怪现象："最近在月球发现的这些现象说明整个月球都在发生同样的震动。这些震动实质上是一回事。"这篇报道还补充说，"月震总是让月震仪留下同样的记录，这应当使月面学专家们惊叹不已。"

这篇报道的措词是委婉而谨慎的，实质问题是天然岩石的隆起和崩毁为什么经常发生在同一时刻。老资格的月球研究者盖利·莱萨姆博士承认，月震发生时间像与时钟同步一样准确，但无法做出解释。他认为这种现象就是解释月震的难以自圆其说的矛盾之处。

还有另一种让人感到十分惊异的现象，当宇航员向月面抛掷登月舱和引爆榴弹筒造成人工月震时，月震仪的记录再次让人震惊，月震实测持续了3个多小时，月震深度达到30～40千米，直到3小时20分钟后才逐渐结束，科学家们更感到惶惑了，美国NASA的地震学家们对此面面相觑，没有一个人能够做出令人满意的解释。

而相信"月球是宇宙飞船"假说的人，认为将月震归于"自然现象"是永远无法解释的。如果从他们的观点出发，把月震解释为"人为"的原因造成的月震，也就是说月震可能是受某一智慧生物的定时操控造成的，月球内部是中空的，月球是宇宙飞船，那么一切月震之谜就化为乌有了。

▶ 月亮的奇异变化之谜

在最近100多年来对月球的观测中，科学家发现了不少月面的变化现象，令人惊讶，令人迷惑，又趣味盎然，它表面的辉光现象就是一例。月球表面有时突然出现粹光、雾焰、闪烁等发光现象，甚至还有颜色变化。

曾被"阿波罗"号宇航员目睹的这些现象引起了天文学家的兴趣和关注。天文学家发现这些星星点点的月球闪光多出现于环形山的周边和中央峰，以及月海盆地边缘一带，通常可持续20分钟左右，有时也忽明忽暗延续数小时之久。即使在没有日照的黑暗里，它们也亮光闪烁。

月球的变幻无常现象被称为"短暂现象"，至今已记录到1400多次，也许其中的一部分是由于大气干扰等原因造成的错觉和幻觉，但短暂现象的存在是可信的。然而月球为什么会发光，人们一直都在探索、解谜中。

威廉·赫歇尔从看到的闪光呈微红色而认为是月球火山喷发。1958年11月3日，前苏联科学家柯兹列夫发现阿尔卑斯环形山口内的中央峰变得又暗又模糊，并发出一种从未见过的红光，随之又变成发出白光，亮度增加一倍，直到第二夜，环形山才恢复原来的面目。他也认为这是罕见的火山喷发。

1961年柯兹列夫在阿里斯塔克环形山中央又观测到这种现象，光谱分析说明这次发光所溢出的气体是氢气。有人认为对于内部活动早已完全停止了32年的月球，偶有零星的小规模火山喷发也是完全可能的。

但是望远镜和探月飞船都不曾找到月面上有任何新鲜熔岩的痕迹。每次闪光后，发光点的月貌也没有发生过丝毫的变化，所以月球发光的"火山喷发说"有疑问。那么是气体释放还是其他什么现象？

1963年11月1日，英国曼彻斯特大学的2位研究人员于开普勒环形山及其附近地区，2小时内发现2次红色发光现象，每次发光面积都超过了10 000平方千米。他们指出持续时间不长而面积那么大的发光现象，不可能由某种月球内部原因造成，起因应该是太阳。他们认为，由于月球不存在大气，月面受到紫外线、X射线、γ射线等全部太阳辐射的猛烈袭击，月面的某些地方有可能被激发而发光，面积也可能比较大。

研究证明，使用滤光片和光电观测确实会发现更多的月球发光点。只有某些地点才可能强烈到肉眼可见程度，以致有人将月球发光称为"月球耀斑"。

然而从日地关系研究来看，虽然月球不具有地球那样稠密的大气，太阳辐射是否强烈到能直接激发月球表面物质发光，还是大有疑问的。

1980年，美国莱斯特大学的天文学家阿伦·米尔斯提出，潮汐作用触发的月震，使月表下的气体从裂缝和断层中释放出来，将月球表面的尘埃吹起，它们可在月表真空状态中滞留20分钟，而又可以从不同角度反射阳光，让地面观测者看到变色或发亮等现象。

"阿波罗15号"测量证实，经常闪光的阿里斯塔克环形山逸出的气体量最大。然而"米尔斯说"对发生在月球黑暗面上的闪光，却很难自圆其说。

1985年5月23日，希腊一位学者发现自己拍的月球照片中，其中一张有清晰的亮点，发生在月球明暗界线附近一环形山地区。对此，他设想，月面没有大气，被太阳照亮的月面部分的温度，与没有太阳照亮部分的温度相差悬殊。当太阳从明暗界线附近地区升起时，一下子从黑夜变为白天的那部分月面温度迅速升高，从 –100 多℃升到 100 多℃，强烈而迅速的温度变化使得月球岩石爆裂开来。爆裂后漫射电子点燃了月岩所含的气体，发出闪光。

最近，美国洛克希德导弹与空间公司的电信工程师理查德·齐托也提出了类似的看法。他曾检测过一些从月球采集回来的月岩标本，发现岩石中确实含有挥发性气体氦和氮。他认为，月岩热破裂时释放出来的电子能，完全有可能把挥发性气体点燃，引起短暂的闪光现象。而在地面实验室中进行的月岩标本爆裂的模拟实验表明，真的会迸出小火花。所以，这是目前对月球发光现象最有说服力的一种新解释。

要想彻底解开月球发光之谜，还需更进一步的观测研究，特别是登上月球进行实地探测。

▶ 潮汐揭示地月的亲密关系

你知道吗

月球的引潮力大于太阳

月球引力和太阳引力的合力是引起海水涨落的引潮力。地潮、海潮和气潮的原动力都是日、月对地球各处引力不同而引起的，三者之间互有影响。因月球距地球比太阳近，月球与太阳引潮力之比为 11:5，对海洋而言，月亮潮比太阳潮显著。

碧波荡漾的蔚蓝色大海，不停地进行着自己的潮汐变化。大海退潮时，几十米甚至几百米海底天地裸露出来，水下那些水产动物，贝壳、鱼、虫，色质斑斓，煞是好看；涨潮的时候，海水随着海风和波浪慢慢地向海滩上延伸，不断侵吞，美丽的五彩图又重新回到了大海的怀抱，这就是人们所熟知的潮汐现象。

世界上所有的海水，每天都有两次涨落，而且涨落的时间也有一定规律。早晨海水上涨，叫作"潮"；傍晚海水上涨，叫作"汐"。不过，平时把潮和汐都叫作"潮"。

各地海水涨落的高低可不一样，在波罗的海与黑海，潮水的涨落几乎看不出来。在俄罗斯的彼得格勒，潮水的涨落总共也只相差 5 厘米。而在白海和巴伦支海的潮水，却是"蜂拥而涨"，"急流勇退"，涨潮与落潮的海面，要相差 4~7 米。

芬地湾潮汐是世界上最大的

芬地湾

潮汐。芬地湾位于加拿大的新斯科舍省和美国最东北部的缅因州和加拿大新布伦斯威克省之间。加拿大新斯科舍省米纳斯低地的布恩科特赫德潮汐的最大振幅平均为 14.5 米,最高达 16.3 米。

海水为什么会时涨、时落呢?在国外,第一个研究这个问题的是古希腊的航海家彼费。后来,英国物理学家牛顿用科学的道理揭开了潮水的秘密。他证明:引起潮水的原因,主要是由于月亮对海水有很大的引力。

在我国古代,一些具有进步思想的哲学家和科学家,在总结历代劳动人民的实践经验和自己亲身观察的感性材料的基础上,曾对潮汐和日、月运行之间的本质联系有过许多独创的见解。

这些见解与同时期阿拉伯等地各个民族对海潮的认识比较起来,不但毫不逊色,而且在许多方面还有所超越;即使从现代科学的观点来看,我国古代关于潮汐成因的某些见解,也是非常难能可贵的。

我国著名唯物论思想家王充(27～约97)在《论衡》一书里说:"涛(即潮,古代涛、潮二字通用)之起也,随月盛衰,大小满损不齐同……以月为节也。"

王充的这种关于潮汐随月盛衰的思想渊源,可追溯到起源于商(前16～前11世纪)、周(前11～前8世纪)之际的《易经》和后来战国、秦汉时期的一些著作。

地球表面上的海水,随时都被无形的三只大手在争夺着。一只大手是地球对海水的引力(也称万有引力);另外两只大手是月亮和太阳对海水的引力。

这三个引力相比较,地球的引力最大,它使海水永恒地依附在地球表面上。太阳虽然比月亮大,但是太阳距离地球,比月亮距离地球要远 400 倍,所以月亮对海水的引力比太阳大。据计算,月球对地球的引力作用会使地球的海水表面升高 0.563 米,太阳的引力作用使地球的海水表面升高 0.246 米,这样加起来可知海水最大潮差应为 0.8 米左右。

但是,由于海水容量增减和各地区地形的不同,潮差往往是千差万别,有些地方的潮差竟高达 19.6 米。

其实,海水并不是地球上唯一的能够产生潮汐现象的液体物质,无独有偶,地球的固体地壳同样会产生潮汐效应,只是人们无法感觉到罢了。它不同于海水潮汐的地方是，它有自己固定的"潮汐"，每月两次，一般地表升高 10 厘米左右，有些地区还可达 60 厘米。

如果从地球以外做同步观察，地球就好像一头熟睡着的庞大蛋形巨兽，一涨一缩地周期"呼吸"着。虽然它并没有进行什么物质交换，但把地表涨落现象称为地球的呼吸是最形象不过了。

大气层也受到了引力的作用，纵然起伏变化很小，但它也应算作地球的一种"呼吸"形式。换句话说，不仅海洋里有潮汐，地球表面上几千千米厚的大气层，也有潮汐现象；即使相当结实的地壳，也有潮汐涨落。

◀拓展阅读▶

王充闭门著《论衡》

王充擅长辩论，辩论时开始的话好像很诡异，最后却又得出实在的结论。他认为庸俗的读书人做学问，大多都失去儒家的本质，于是闭门思考，谢绝一切庆贺、吊丧等礼节，窗户、墙壁都放着刀和笔。写作了《论衡》八十五篇，二十多万字，解释万物的异同，纠正了当时人们疑惑的地方。

太阳、地球和月亮之间的关系真的很亲密啊！潮汐正是它们之间亲密关系的见证。其实，它们之间的亲密关系还有许多其他的表现，日食和月食也是它们之间的亲密关系造成的。

▶ 人类将如何开发月球

月球是我们的邻居，是人类的一笔巨大财富，开发月球的时代即将到来。

月球是地球的卫星。现代科学家对月球的了解，甚至超过了对南极的了解。自 1959 年 1 月前苏联的"月球 1 号"飞临月球以来，人们已经发射了近 100 个月球探测器，获得大量有关月球表面、月质结构等方面的资料。

由于月球的自转周期与它的公转周期正好相同，月球总是只有一面朝着地球，月球背面一直是个不解之谜。1959 年，前苏联的"月球 1 号"拍摄到第一幅月球背面的照片，才揭开了它的秘密。

它同正面有较大的差异，月面凹凸不平，起伏悬殊，有些地方月球半径长4千米，而有的又短5千米。月球背面的月壳厚度达150千米，比正面厚90千米。月球的背面还有众多的环形山。

月球车

月球车是一项技术复杂、要求严格的研究开发任务，开发者除了要突破、掌握同机器人相关的轻型机械、机构、自主导航和机械臂等技术外，更重要的是要在按航天器的规范与标准研制管理上多下工夫。分为无人驾驶月球车和有人驾驶月球车两种。2013年，"嫦娥三号"会将"中华牌"月球车送上月球。

美国的"月球探测器"4号和5号，在飞临月球的雨海、危海等月海上空的时候，发现下面的重力场特别强，表明那里的物质聚集特别集中，这种地方称为"质量瘤"。

在月球正面发现了12处这样的质量瘤。"阿波罗"登月带回来的月岩和月壤样品中，发现了60种矿物质，其中有6种是地球上没有的。地球上所有的化学元素，在月岩和月壤中都已经找到了，但是没有找到生命物质。

美国施密特博士和另一名宇航员赛南上校，乘1972年12月7日发射的"阿波罗17号"宇宙飞船飞往月球，进行了历时74小时59分的月球考察，是人类在月球上逗留时间最长的一次。

这次考察取得的成果也很大，他们在月球表面上建立了一座有核动力的实验室，收集了重114千克的各种月岩、泥土，还开着四轮电瓶车旅行了16千米，最后才满载而归，飞回了地球。

月球尽管是一个连简单的生命都没有的荒凉世界，但它拥有大量的铁块状矿石，除含铁以外，还含有镍和钴。月岩和月壤中还含有铝、钛、锰等金属及放射性元素钠和钍等。

月球上的火成岩是提取铝、硅、氧的良好原料，而氧对发展空间科技来说是至关重要的，建造空间工厂所需的原料大都可以在月球上找到。

月球上的岩石有一半是氧的化合态，核能可以把这些物质分解，从中提取氧，最终以液态形式运回地球，液氧可成为航天器的主要燃料，像航天飞机那么大的一艘飞船可运回 20 吨液化氧。这些氧足够美国使用一年。

　　月球上的环境虽然对人的生存是可怕的，但同时它却是生产某些材料的理想环境。如真空、无菌和极度低温等环境，是生产工业钻石、药物和有些精密仪器所需要的。在月球上发射航天器可以比在地球上发射节约许多燃料。

　　如何设计和月球条件相同的封闭式建筑物，将是一个大难题。在阳光直射的正午，月球表面的温度可达到 120℃，在夜间温度又降至 – 150℃。这就要求建筑物设计成密封和能控制温度的结构，还要能保护人体免受辐射的侵害和使作物生长，并且使食物、空气、水、燃料和废物相互循环，成为一个整体，在效率、数量和质量上满足月球生活的需要。

　　科学家正在设想在不久的将来登上月球，并长久地生活下去。

重要的配角——地球

　　地球，我们人类生活的家园。它是太阳系从内到外的第三颗行星，处在金星与火星之间，也是太阳系中直径、质量和密度最大的类地行星。根据地震波在地下不同深度传播速度的变化，一般将地球内部分为三个同心球层：地核、地幔和地壳。地球已有44~46亿岁，有一颗天然卫星月球围绕着地球以30天的周期旋转，而地球以近24小时的周期自转并且以1年的周期绕太阳公转。

　　地球自转与公转运动的结合使其产生了地球上的昼夜交替和四季变化。同时，由于受到太阳、月球和附近行星的引力作用以及地球大气、海洋和地球内部物质的等各种因素的影响，地球自转轴在空间和地球本体内的方向都要产生变化。地球自转产生的惯性离心力使得球形的地球由两极向赤道逐渐膨胀，成为目前的略扁的旋转椭球体。

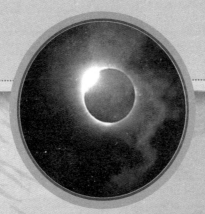

地球是从哪里来的

地 球

根据科学研究，地球至少有46亿年了。那么，46亿年前又是谁创造了地球呢？这还得从太阳系说起，因为地球是太阳系的八大行星之一，它也经历了吸附、积聚、碰撞这样一个共同的物理演化过程。它们具有共同的起源。

科学家们研究认为，宇宙是在一次"大爆炸"中诞生的，他们推测，"大爆炸"把基本粒子抛向四面八方以后，宇宙中出现了一团一团的气体。

有某些部分冷却下来，变成了尘埃。在引力的作用下，尘埃或云团发生了积聚，产生了许许多多的星云和星体。银河系就是其中的一个星云。银河系里弥漫着大量的星云物质，它们因自身的引力作用而收缩，在收缩过程中产生的漩涡，使星云破裂成许多"碎片"。其中，形成太阳系的那些碎片，就称为"太阳星云"。

由气体尘埃云组成的原始太阳星云在恒星际空间凝聚时，因质量收缩而越转越快，逐渐形成一个圆盘。到了某个阶段，在圆盘中心形成一颗恒星，这就是太阳。

基本小知识

恒 星

恒星是由炽热气体组成的，是能自己发光的球状或类球状天体。

由于恒星离我们太远，不借助于特殊工具和方法，很难发现它们在天上的位置变化，因此古代人把它们认为是固定不动的星体。我们所处的太阳系的主星太阳就是一颗恒星。

太阳周围的许多尘埃，受它引力的影响，开始围绕太阳运转。起初，它们运转的速度和运转的轨道十分凌乱，在运转过程中，它们相互交叉和碰撞，又相互结合，形成越来越大的颗粒物，并开始吸附周围一些较小的尘粒，使体积日益增大，先是形成小行星大小的陨石物体，以后又由这样的物体聚成原始地球。

原始地球同我们现在的地球还不完全一样。在原始地球上，温度较低，各种物质混杂在一起，没有明显的分层现象。

后来，由于地球内部放射性元素产生了大量的蜕变热，地球温度逐渐升高，内部物质产生了越来越大的可塑性，原始地球局部开始熔化，表面成为一层层达 400 千米的岩浆。与此同时，岩浆中较重的铁在重力作用下，渗向地球中心而构成地核。

地球外表面较轻的部分则冷却而形成一层薄薄的固体状地壳，这层地壳就漂浮在沸腾的岩浆上面。随着沸腾岩浆的不断翻滚，那薄薄的地壳也在不断地移动和变化。后来，岩浆温度逐渐降低，地壳下面有一部分岩浆开始慢慢地凝结而成为固体，我们把它称为"地幔"。

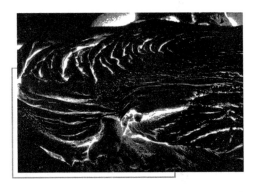

岩　浆

在形成地幔的 2 亿年中，沸腾的岩浆竭力要冲到外面来，于是地幔中出现了许多状如蜂窝的对流区。在每个对流区的中心，都有岩浆从地壳的裂口中喷射出来，把周围的地壳挤到边上去。挤到边上的地壳又被下面的岩浆熔化和吞没。在这种周而复始的岩浆对流过程中，地球上出现了非常剧烈和频繁的火山爆发。

火山喷出的熔岩凝固以后，就构成了最初出现的陆地。这是 38 亿年前地球的雏形，如今地球仍在继续演化。不过"宇宙大爆炸理论"只是一种假说，所以地球的身世和太阳、月球的身世一样，还需要更多的科学研究来证实。

我们居住的地球多少岁

我们常说地球有 47 亿岁了，但是谁也没有活过这么长的时间，人们是怎么知道地球到底有多少岁了呢？科学家自有自己的办法。

在科学并不发达的过去，犹太学者根据《圣经》的"上帝创世说"，推算出地球的历史不过 6000 年左右。而我国古人则推测："自开辟至于获麟（指公元前 481 年），凡二百一十六万七千年。"

以上的推测虽然都认为天地自形成以来经历了一段漫长的年月，但是，对地球的起源及地球的年龄的推测不超过 2500 万年。

1862 年，英国著名物理学家汤姆逊，根据地球形成时是一个炽热火球的设想，并考虑了热带岩石中的传导和地面散热的快慢，认为如果地球上没有其他热的来源，那么，地球从早期炽热状态冷却到现在这样，至少不会少于 2000 万年，最多不会多于 4 亿年。

知识小链接

汤姆逊

约瑟夫·约翰·汤姆逊（1856～1940），英国物理学家，电子的发现者。世界著名的卡文迪许第三任实验室主任。1876 年进入剑桥大学三一学院深造。1897 年汤姆逊在研究稀薄气体放电的实验中，证明了电子的存在，测定了电子的荷质比，轰动了整个物理学界。1905 年，他被任命为英国皇家学院的教授；1906 年荣获诺贝尔物理学奖。

20 世纪以来，人们用同位素的方法来测定地球的年龄。地质学家用岩石中发现的生物化石以及岩石本身的放射性资料来估计地球的年龄。利用生存的物种演化为根据的方法，研究人员研究了在地壳岩石形成时被记录下来的地质上的代和纪。

随着时间的消逝，地质过程形成了新的岩层（地层）。每个地层含有当时生存的物种的化石。以不同地点的化石相互比较，地质学家可鉴定出哪些地层属于相同时期。地质学家已给这些纪或代命了名。例如古生代的泥盆纪（当时陆地动物首次出现）。因为较迟形成的地层置于较早形成的地层的上方，地质上的纪可以按顺序放置成为系列。我们可以得出这样一个系列以及无论在什么地理位置上这个系列是相同的这件事实，被看作是用这个方法再现地球历史大致算是正确的一个证明。

为了估计每个地质的代发生在多久以前，地质学家使用了放射性定年技术。他们发现最早的是前寒武纪的太古代，它发生在超过 25 亿年以前。跨得这样远的时间是难以想象的事情，可是定年方法所得的结果与其他资料一致。

到目前为止发现的地球上最古老岩石的年龄有 37 亿年。这就产生了地球本身的年龄问题。很明显地球的年龄应当至少是 37 亿年。

放射性定年技术也应用于陨石，陨石是从空间落到地球上的岩石和铁的碎片。它们都已有大约 46 亿年的年龄。因为陨石的轨道是在太阳系内，至少太阳系的某些部分在那个时候可能就已经形成了。美国国家航空和宇航局的"阿波罗计划"是通过开展对地球以外的另一颗天体（月球）做地质考察，对若干问题予以更多的启发。

地球上已知最古老的岩石

采回来检验的最老月球岩石年龄是 46 亿年。天然产生的元素，铅同位素的某些资料也指出地球年龄是 46 亿年。

这个证据表明一个影响到地球、月球和陨石母体的重大事件发生在 46 亿年以前。最简单的解释是这个事件与从星际物质云产生太阳系（行星和太阳）有关。

然而，对于地球 46 亿岁的结论还有许多争论。有人提出疑问，认为这个数据是基于地球、月球和陨石是由同一星云、同一时间演变而来的前提下，而这一前提还是一个有争议的假设。另外，认为放射性元素的蜕变率是不随时间、环境等条件的变化而变化的假设也未必正确。

知 识 小 链 接

放射性定年技术

　　放射性定年技术就是放射性碳定年法，又称"碳测年"，是利用自然存在的碳14同位素的放射性定年法，用以确定原先存活的动物和植物的年龄的一种方法，可测定早至5万年前有机物质的年代。对于考古学来讲，这是一个准确的定年法技术。

李四光创作了中国第一首小提琴曲

　　李四光的音乐造诣相当深厚，尤好小提琴。他在巴黎写的一首小提琴曲《行路难》，是中国人创作的第一首小提琴曲。他回国后曾请音乐家萧友梅过目提意见。这首小提琴曲写于1920年，在80年之后的北大百年校庆的晚会上，第一次得到公开演奏。它的面世修正了马思聪是中国最早的小提琴曲作者的说法。现在这首曲谱和李四光在国外常拉的小提琴，都陈列在纪念馆里。

　　也有人主张地球可能有更大的年龄值。如我国地质学家李四光，认为地球大概在60亿年前开始形成，至45亿年前才成为一个地质实体。

　　前苏联学者施密特根据他的"俘获说"，从尘埃、陨石积成为地球的角度进行计算，结果获得76亿年的年龄值。

　　然而，众多的结论都是依靠间接证据推测出来的。人们至今也未在地球上找到它本身的超过40亿年以上的岩石，因此，地球高寿几何，还有待于做更深入的研究。46亿年这个数字，只是进一步研究的起点。

地球的形状和大小

　　地球表面崎岖不平，它的真实形状是非常不规则的，但比起地球的大小来，地面起伏的差异又是微不足道的。因此，在讨论地球形状这一课题时，为了使它的总体形状特征不被地面起伏的微小差异所掩盖，人们不去考虑地球表面的形状，而是研究它某种理论上的表面形状，这就是全球静止海面的形状。

所谓全球静止海面的形状，指的是海面的形状。它忽视地表的海陆差异，海面显然要简单和平整得多。所谓静止海面，指的是平均海面，它设想海面没有波浪起伏和潮汐涨落，也没有洋流的影响，完全平静。

所谓全球静止海面，它不仅包括实际存在的太平洋、大西洋、印度洋和北冰洋，而且以某种假想的方式，把静止海面延伸到陆地底下，形成一个全球性的封闭曲面，称为"大地水准面"。这是一个重力作用下的等位面，是地面上海拔高度起算面，地球的形状就是指大地水准面的形状。

古希腊学者埃拉托色尼（约公元前276～前194年）在历史上第一次粗略地测定了地球的大小。当夏至日正午，太阳位于埃及南部阿斯旺的天顶，阳光直射深井的井底，埃拉托色尼据此认为，阿斯旺地处北回归线。这样，他只要测定亚历山大夏至日正午太阳高度，就可以得出地球的大小。

基本小知识

埃拉托色尼

埃拉托色尼（前276～前194），古希腊哲学家、诗人、天文学家和地理学家。被西方地理学家推崇为"地理学之父"，除了他在测地学和地理学方面的杰出贡献外，另一个重要原因是因为他第一个创用了"地理学"这个词汇，并用它作为《地理学概论》的书名。

埃拉托色尼并不直接测定正午太阳高度，而是用圭表测定正午影长。这种圭表是半个空心圆球，圆球中央有一根竖直的轴，这根轴就是圆球的半径。当圭表放置地面的时候，这根轴便垂直于地面，指向天顶。

埃拉托色尼测得亚历山大夏至日正午，圭表轴投射在圆球上的影长，约为整个圆周的1/50，即约7.2°。当时，古希腊人已有相当完备的几何学知识。埃拉托色尼推得，圭表轴投射在圆球内表面的影长与圆周长度之比，等于阿斯旺与亚历山大两地间的经线弧长与地球周长之比。换句话说，地球子午线周长等于阿斯旺至亚历山大之间距离的50倍，即250 000斯台地亚。1斯台地亚合 158 米，那么，地球周长为 39 500 千米。这与近代的测定值 40 025 千米相当接近，换算成地球半径约为 6370 千米。

严格说来，埃拉托色尼测定地球大小的工作，实际上只做了一半，即测定两地的纬度差，而两地间的距离是估算的，并非实测。最早实测子午线长度的，则是我国唐代天文学家僧一行（本名张遂，637～727）。

724 年，在僧一行的主持下，太史监南宫说率领一支测量队，在今河南省黄河南北的平原地带，分别测定了大体上位于同一经线上的滑县、开封、扶沟和上蔡四地的分至日正午影长和北极高（即纬度），同时丈量了上述各地间的水平距离，从而得出"三百五十一里八十

僧一行

步而极差一度"。

僧一行没有球形大地的概念，他只是以实测数据否定当时"日影千里而差一寸"的说法，而没有把"极差一度"看作地面上的纬度。因此，僧一行并不理解自己所做的就是地球子午线长度的测定，就像后来的哥伦布并不知道他所发现的陆地是美洲一样。

人们对地球的形状有一个漫长的认识过程。古代东西方人由于受到生产力水平的限制，视野比较狭窄，所以认为天是圆的、地是方的，即所谓

趣味点击　毕达哥拉斯学派的数字观

毕达哥拉斯学派认为："1"是数的第一原则，万物之母，也是智慧；"2"是对立和否定的原则，是意见；"3"是万物的形体和形式；"4"是正义，是宇宙创造者的象征；"5"是奇数和偶数，雄性与雌性和结合，也是婚姻；"6"是神的生命，是灵魂；"7"是机会；"8"是和谐，也是爱情和友谊；"9"是理性和强大；"10"包容了一切数目，是完满和美好。

的"天圆地方"。公元前古希腊，人们已经开始注意很多现象，如：站得越高，看得越远，由远驶近的船只，总是先看见船的桅杆，再看到船身等等，对地球的形状产生了直觉的推测。

公元前5～前6世纪，古希腊哲学家毕达哥拉斯（约公元前58～前500）就提出地球是球形的观念；另一位古希腊哲学家亚里士多德（公元前384～前322年）根据月食时月球上的地影是一个圆，第一次科学论证了地球是个球体。公元1522年，麦哲伦及其伙伴完成绕地球一周以后，才确立了地球为球体的认识。

最早算出地球大小的，应该说是公元前3世纪希腊地理学家埃拉托色尼。他成功地用三角测量出地球周长约为25万希腊里（39 600千米），与实际长度只差340千米，这在2000年前是非常了不起的。

17世纪末，牛顿研究了地球自转对地球形态的影响，从理论上推测地球不是一个很圆的球形，而是一个赤道处略为隆起，两极略为扁平的椭球体。

1672年法国人里舍把一个在法国巴黎运转准确的单摆钟，放在赤道附近南美洲的圭亚那的卡宴，却每天慢2分28秒，这是一个不小的误差。他不得不根据恒星的运动来校正他的摆钟，把摆长缩短4毫米，使摆钟恢复正常定时。

毕达哥拉斯

2年后，里舍回到巴黎，却发现钟又走快了，加快的数值恰好就是当初在南美减慢的数值。他把钟摆恢复到原来的长度，于是，钟又走准了。研究了这一现象后他认为，地球在赤道附近是凸起的，于是得出结论：地球不是正球体，而是扁球体。

地球的内部是什么

我们由直接观察所知的地球差不多完全限于它的表面。人类在上面挖钻的最深处与全球大小比起来不过像苹果皮之于苹果一样。

地球内部的每1平方米都支持着一直到表面的1平方米的压力。表面下不到若干厘米的地方这种压力就以吨计了，1千米深的地方大概是2500吨，100千米的地方就是25万吨了，这样一直继续到中心。在这种不可思议的压力之下，地球中部的物质被高度地压缩。那儿的物质也更沉重。地球的平均密度被认为等于水的5.52倍，但其表面密度却只有水的2~3倍。

关于地球的确定事实之一就是在表面以下的矿坑中，愈深处温度愈高。增加的比率依地域与纬度而各处不同，平均增加率是每下降约30米增高1℃。

这种温度的增加到地球中心时将怎样呢？回答这问题我们可以说不能仅仅根据表面的情形。因为地球外部在很久以前就冷却了，所以我们不能在下降时得到很大的温度增加。从地球存在以来热量都被保持着这一点事实，表明中心温度一定更高，而近表面的温度增加的比率也一定会保持到更深的若干千米直到地球的内部。

你知道吗

火山和地热是一对孪生兄弟

火山和地热是一对孪生兄弟，有火山的地方一般就有地热资源。地热能是一种廉价的新能源，同时无污染，因而得到了广泛的应用。现在，从医疗、旅游、农用温室、水产养殖一直到民用采暖、工业加工、发电方面，都可见到地热能的应用。

依照这增加率来看，地球的20千米或25千米深的地方的物质一定是灼热的，而200千米或250千米以下的热度则一定足以熔化所有构成地壳的物质了。这事实使早期的地质学家认为我们的地球是一个熔化了的大块，正如一大块熔化了的铁，上面蒙了一层几千米厚的冷壳层，我们就居住在这壳上。火山的存在以及地震的发生都增加了这种见解的可靠性。

但在 19 世纪 20 年代，天文学家与物理学家收集了一些证据，似乎证明地球从中心到表面都是固体，甚至比同样大的一块钢还坚硬。这学说是开尔文爵士第一个提出的。他认为如果地球是被一层壳包着的液体，月亮的作用就不是吸起海洋的潮汐而将全地球向月亮的方向拉起来，却不改变壳与水之间的相对位置了。

同样可靠的是那奇特的现象，地球表面的纬度变迁，这在下面我们就要讲到。不仅一个内部柔软的球体不能像地球这样旋转，甚至硬度不如钢的球体也不能。

那么我们如何能调和这固体性质与那不可思议的高温度呢？看来只有一个可能的解决方法：地球内部的物质因那巨大的压力而保持其为固体。

据实验证明：强大的压力能提高物质的熔点，压力越大，熔点就越高。一块岩石到了熔点以后再加以重压，压力的结果使它又还原为固体。因此，我们增加了温度只要同时考虑压力的问题就可以使地球中心物质保持固体了。

👁 证明地球公转的历程

哥白尼建立日心体系时，人们对他的观点是将信将疑的。后来经过许多科学家的发展和完善，相信的人多了起来，但到 18 世纪下半叶还有人提出：既然地球是围绕太阳运行的，在它从太阳的一侧走到另一侧时，地球上的观测者看到恒星的位置应该是不同的。

这好比我们站在河岸上观察对岸的宝塔，站立的位置不相同，看到宝塔的方向也不同。可是为什么没有人见到这种不同呢？

这里所说的恒星位置不同，天文学上叫作"恒星视差"。什么是恒星视差呢？天文学上的定义是：在地球轨道直径两端观测同一颗恒星，两条视线在恒星上所夹的角表示该星的视差。

测量恒星视差的天文学家有很多的，布拉德雷在测量恒星视差中竟是"种瓜"得了"豆"，弄得他又是喜又是忧。

1725 年，爱尔兰天文学家莫利纽克斯在伦敦郊外安装了一架折射望远镜。它笔直地竖立着，宛如一个大烟囱。这架望远镜是用来观测恒星的。莫利纽克斯的年轻的合作者布拉德雷认为，天龙座 γ 星很适合做这种观测。因为它在天顶附近经过时，它的身影从望远镜视场里飘过。

折射望远镜

折射望远镜是一种使用透镜做物镜，利用屈光成像的望远镜。具有宽广的视野，高对比度和良好的清晰度。光线通过镜头和镜筒折射汇聚于一点，称为"焦平面"。其薄壁长管结构外观，和百年前伽利略时代无太大区别，对于希望简便的机械设计、高可靠性、方便使用的人来说，折射式望远镜是很受欢迎的设计。

1725 年 12 月 14～28 日，布拉德雷连续用这架望远镜对天龙座 γ 星观测了 10 多天，12 月 28 日，布拉德雷发现，天龙座 γ 星的位置明显地向南偏移了。见此情景，布拉德雷喜出望外，"这不是恒星视差向我招手吗？"他暗自想道。于是他日复一日、月复一月地紧紧盯住天龙座 γ 星，只要它在夜空中一出现，就记下它的位置。

天龙座 γ 星也讲"义气"，它给了布拉德雷极大的欢乐。在一年内，它先向南移，后向北移，位置移动了 40 弧秒，而且是在天空来回摆动的。

这不是视差位移吗？很像。但是，仔细一分析，它又不是。视差位移是地球绕太阳公转产生的，应该在 12 月份到达最南面，而天龙座 γ 星却在阳春烟景的 3 月份到达最南。

这个捉弄人的问题，久久困惑着布拉德雷，使他百思不得其解。

"踏破铁鞋无觅处，得来全不费工夫。"1728 年的一天，机会来了。这天，布拉德雷泛舟在泰晤士河上，偶然间，他见到船桅上的旗帜不是简单地随风飘扬，它飘动的方向随着船与风的相对运动而改变。

由此他又想到雨中打伞的情景：如果将伞垂直地撑在头顶上，行走时雨点就会滴在身上，如果将伞稍微向前倾斜一点，身上就不会被雨淋湿。走得越快，伞应该向前倾斜得越多。

从这里布拉德雷悟出了一个道理：天龙座 γ 星的位置偏移不是视差位移，而是光线和地球绕太阳公转共同作用的结果。

他在写给哈雷的信中说道:"我终于猜出以上所说的一切现象(指天龙座γ星的位置移动)是由于光线的运动和地球公转所合成的。因为我发现,如果光线传播需要时间的话,一个固定物体的视位置,在眼睛静止与眼睛在运动,但运动方向不在眼睛与物体的连线上时将有所不同,而且,当眼睛朝各个不同方向运动时,固定物体的视方向也就有所不同。"

在这里布拉德雷把望远镜比作雨伞,把恒星射到我们眼睛里的光线比作雨点,而在雨中行走的人便是我们的地球。望远镜必须像雨伞那样稍微向地球前进的方向倾斜,光线才能沿望远镜轴线落到镜筒里。布拉德雷把这个倾斜角叫作"光行差"。

布拉德雷寻找的是恒星视差,而找到的却是光行差,真是种瓜得豆!不过,这个瓜豆易嫁,倒也有用,它说明了地球有公转。因为地球若是没有公转,也不会存在光行差的。

视差,的确是有的。在布拉德雷以前,之所以没有发现它,并不是它不存在,而是恒星离地球很远,视差角很小,当时的观测水平发现不了它。现在,许多恒星的视差已经测量出来了。找到了恒星视差,再一次证明地球在围绕太阳公转。

▶ 视而不见的有力证据

其实,要证明地球在围绕太阳公转,不必测出视差和光行差,只要留心一下四季星空和树影就行了。

由于四季星空和树影是人们司空见惯的东西,所以数千年来并没有人从这个角度来考察地球与太阳的关系。但是,看似复杂高深的日地关系,跟我们司空见惯的四季星空和树影却有着非常密切的联系。

晴朗的夜空有许多地球公转的证据。你看那深邃莫测、一望无际的黑色天幕上的星星,有的明亮,有的暗淡,有的发出红色光芒,有的光辉呈蓝白色。那些明亮的星星组成了一个个星座。

在一年当中,不同季节里天空出现的星座是不同的。夏季星空是我们最熟悉的,满天都是星,一条宽阔的银河像白带似的由南向北横贯天空,显得绚丽多彩，婀娜多姿。位于银河两岸的牛郎星和织女星翘首遥望着，特别令人注目，千百年来，留下了动人的《鹊桥相会》故事。

银河东南的牛郎星两旁各有一颗较暗的小星，与牛郎星几乎在一条直线上，民间称这3颗星为"扁担星"。银河西岸的织女星附近，4颗星组成梭子形状。在织女星的东南面、牛郎星的西北面有一个排列成"十"字形的天鹅座。天鹅座里有颗亮星叫"天津四"。

基本小知识

天鹅座

天鹅座为北天星座之一。每年9月25日20时，天鹅星座升上中天。夏秋季节是观测天鹅座的最佳时期。有趣的是，天鹅座由升到落真如同天鹅飞翔一般：它侧着身子由东北方升上天空，到天顶时，头指南偏西，移到西北方时，变成头朝下尾朝上没入地平线。

在银河南端，西边有个天空中最壮丽的星座，形状像一只蝎子，它就是大名鼎鼎的天蝎座。天蝎座里有一颗红色亮星叫"心宿二"，我国古代称为大火星。天蝎座的东面是人马座，它的6颗星组成南斗六星，与北斗七星遥遥相对。北斗七星出现在西北方天空中。

随着秋天到来，夏夜星空渐渐偏向西方，银河从东北到西南跨越天空。天蝎座已在西南方地平线上想往地下隐去了。北斗七星也移到北方的低空或地平线下面。在东北方的银河中，可以见到仙后座。

在天顶偏南的方向上有4颗亮星组成一个大四边形，其中有3颗是飞马座成员，东北角上那颗亮星和其他一些星星组成仙女座。在仙女座里，有一团模糊的云雾状物质，它就是有名的仙女座大星云。由仙后座出发，沿银河往东北，就见到英仙座，它排列成"人"字形。

冬天的夜晚，东南方天空高挂着全天亮星最多的猎户座。它仿佛是一个威武的猎人，一手举着盾牌，一手提着棍棒，腰间还系着银光闪闪的腰带，佩戴着寒气森森的宝剑。我国古人称它"参宿"。从猎人腰带向东南看去，就是天空最亮的天狼星了。

古埃及人注意到天狼星和太阳一起升起的时候，不久尼罗河水就会泛滥。

天狼星所在的星座是大犬座，它宛若猎狗在天空追击猎物。大犬座北面是一条"小狗"，它就是小犬座。从猎人腰带往西北是一条"金牛"，它是众星组成的金牛座。

金牛座中有一颗明亮的红色星球，我国人民早就认识它了，古人称它"毕宿五"。在这个星座里，还有许多星团聚在一起，肉眼看起来，似乎是拥抱在一起的七颗星，民间称它"七姐妹"，江南人也叫它"冬瓜子星"，天文上叫它"昴星团"。

日子一天天过去，送走了寒冷的冬天，春天像花枝招展的小姑娘，跳着、笑着来到了。春夜，狮子座最引人注目。狮子前半身由 6 颗星组成，它们组成的图形像一把弯弯的镰刀，或者像一个反写的"?"。"镰刀"东面 3 颗星组成一个三角形，它们是"狮子"的后半身。把它的前后两个半身连起来看，真有点像一头跃跃欲试的雄狮，要捕食前方的巨蟹呢！

大概因为狮子座是春天的象征吧，古埃及人非常崇拜狮子座。埃及著名的金字塔旁的狮身人面像，据说就是取"狮子"做身躯，"室女"做头而凿成的。在狮子座北面，是家喻户晓的北斗星。

北斗七星在大熊座，它们又像一把勺子，"勺子"柄古人称作"斗柄"。斗柄所指的方向同季节有关系，《诗经》里写道："斗柄东指，天下皆春；斗柄南指，天下皆夏；斗柄西指，天下皆秋；斗柄北指，天下皆冬。"

这是每天日落后两小时以内的情况。我们如果仔细观察就会发现，经过 1～2 个月，原来东方地平线上没有的星座从地平线下升起来了；原来东方地平线上的星座升高了；原来

拓展阅读

北斗七星在中国的名称

中国是世界上天文学发展最早的国家之一，对北斗七星的观察早有记录，但七星之名最完整的记载，始见于汉代纬书。最初有两种名称，一为《春秋运斗枢》所记，曰："第一天枢，第二旋，第三玑，第四权，第五衡，第六开阳，第七摇光。第一至第四为魁，第五至第七为标，合而为斗。"

在南方天空中的星座移到了西方；原来在西方地平线上的星座没入地平线以下了。

上面叙述的现象好像是整个天空在从东向西移动似的。实际上这不是天空在从东向西移动，而是太阳在恒星间由西向东移动的反映。这种移动叫作"太阳的视运动"。而太阳的视运动正是地球公转运动的反映。

不但四季星空可以反映地球绕太阳公转，树影的变化也可以反映这个事实。细心记录一下一年内树木影子的长度，就会发现一个有趣的现象：同一棵树在不同的季节，影子的长短是不同的。

一般说来，冬天树木影子长，夏天影子短。仔细测量一下，每年冬至这一天，树木影子最长；夏至这一天，树木影子最短。夏至以后影子一天天变长，冬至以后影子一天天变短。

我们的祖先早就知道这种现象了，并且利用这种现象制造出仪器来测量一年的长度。中国科学院紫金山天文台上有一架叫作"圭表"的古代天文仪器，它就是利用太阳影子变化来测定一年长度的。

圭表由互相垂直的两部分组成：圭是用玉或铜刻制的长尺，沿南北方向平躺在地面上，表是直立的标杆。根据正午落到圭尺上的表影长度，就可准确地确定一年的长度和季节。

在河南省登封县有一座巍峨的测景台。它是元朝著名的天文学家郭守敬领导修建的，它本身就是一座巨型圭表。测景就是测影的意思。台高四丈（1 丈 = 3.3333 米），相当于高表。它北面是躺着的长圭，上面有刻度。用这座巨型"圭表"测量季节和一年的长度，比以前的圭表更精确。

基本小知识

圭 表

圭表和日晷一样，也是利用日影进行测量的古代天文仪器，早在公元前 7 世纪，我国就开始使用了。据说，日晷还是在它的基础上发展起来的。圭表是测定正午的日影长度以定节令，定回归年或阳历年。在很长一段历史时期内，我国测定的回归年数值的准确度居世界第一。

根据太阳影子长度的变化，利用圭表测出，1 年的长度是 365.25 天。而现代方法计算出，1 年的长度是 365.2422 天，两者相差很小。

影子的长短还可以用来测量地球的大小。公元前 3 世纪，居住在现在埃及亚历山大港的希腊学者埃拉特色尼，就用影子最早测量了地球的大小。

夏至这一天，在亚历山大港正南方的塞恩的枯井里，阳光直射井底，而在亚历山大港的影子却同竖直的木杆之间构成 72° 角。亚历山大港和塞恩之间相距 800 千米，用这种办法测出地球的圆周长是 40 000 千米，和我们今天采用的数值极为相似。我国唐代著名天文学家僧一行，也用类似的方法测量过地球的子午线。

说过了地球公转产生的现象，我们来看看它是怎样绕太阳公转的吧。地球沿椭圆形

圭　表

轨道绕太阳公转，每年运行一圈。地球在轨道上位置不同，运行的速度不相同，平均速度是 29.8 千米/秒。地球在轨道上位置不同，到太阳的距离也不相同。每年 1 月 3 日前后，日—地距离最短，等于 14 710 万千米，这一点叫作"近日点"；每年 7 月 4 日左右，日—地距离最长，等于 15 210 万千米，这一点叫"远日点"。

🧭 傅科与地球自转

地球有公转，有没有自转呢？这个问题只要参观一下北京天文馆立刻就能明了。北京天文馆的大厅里有一只巨摆，它每天都迈着稳健的步子有节奏地、一下一下地摆动着。乍看，它活像一只摆钟，滴答滴答地走动着。可是，仔细看来，它摆动的平面相对于地面在不断地变更着。

这种变更是地球自转的反映。

这种摆叫作"傅科摆",是 1851 年由法国物理学家傅科发明的。当时傅科在巴黎大教堂穹顶上安了一根长线,线的下端悬挂着一个大金属球,地板上画了一条白线,让金属球沿着白线摆动。开始的时候,金属球沿着白线一下一下地摆动着。慢慢地,摆动的方向渐渐离开了白线,由东向西旋转着。几小时以后,金属球摆动的方向相对于白线转了一个很大的角度。在场的人都看呆了。

傅科对大家说:"看,谁也没碰金属球,它摆动的方向为什么会改变呢? 不,这不是金属球摆动的方向有了改变,而是我们脚下的地球向东边转过去了。"

傅科的精彩表演和精辟的解释,使在场的观众活跃起来:"啊!我们见到地球自转了。"

现在看来,傅科的话只说对了一半。实际上,摆动方向的改变是

傅科摆

地球自转产生的附加力作用的结果。在地球两极,这个力最大,只要 24 小时就能使摆动方向改变 360°。到了北京,约要 40 个小时才行。如果在赤道上,你怎么也不会看到摆动方向有改变。如果傅科在赤道上做他的实验,则将以失败告终。

地球自转速度同地理纬度有关系,纬度越低,转动速度越快。在赤道上自转速度是 28 千米/分,在纬度 30° 地区是 24.1 千米/分,在纬度 60° 地区是 14 千米/分,在两极是 0。

在现实生活中,有许多现象是地球自转造成的。我们稍微留心看一看,就会发现。太阳、月亮和一切星星都是从东方升起来,越过天空,从西方落下去的。这就是地球自转的反映。

除此以外,在阿拉斯加有一条自北向南流淌的育空河,它的西岸总显得比东岸险峻,而在西伯利亚由南向北流淌的鄂毕河,却总是东岸比西岸险峻。这两条北半球的河流,流动的方向虽然相反,但如果顺着河水流动的方向望去,它们都是右岸比左岸险峻,好像北半球的河水喜欢冲刷右岸似的。而在南半球,情况正好相反,好像南半球的河水喜欢冲刷左岸。

不仅河水是这样，炮弹也是这样。北半球打出去的炮弹往右偏，河水喜欢冲刷右岸；南半球打出去的炮弹往左偏，河水喜欢冲刷左岸。这些都是地球自转产生的地转偏向力作用的结果。这个力是法国科学家科里奥利发现的，所以又叫"科里奥利力"。

地球的自转不但对地面的河流和炮弹有影响，也拖着天上的风一起跑。海员们都知道信风这个名词。它在赤道以南是东南风，在赤道以北是东北风。它相当稳

你知道吗

科里奥利力不是真实存在的

科里奥利（1792～1843），法国物理学家。1835年，他着手从数学上和实验上研究自旋表面上的运动问题，从而发现科里奥利力。这种力不是真实存在的，只是"惯性"这种性质的表现而已。然而正是这种"力"造成了飓风和龙卷风的旋转运动。在研究大炮射击、卫星发射等技术问题时，必须考虑到这种力。

定，按时而来，从不轻易失信，因此人们称它"信风"。古代商人利用信风推动风帆，漂洋过海，从事贸易活动，因此它又叫作"贸易风"。

信风是这样形成的：在赤道地区，由于烈日当头，终年高温，空气受热上升，形成一个永久的低气压带。而在南、北回归线附近，则是高气压带。高气压带空气往低气压带流动，便形成风。

若没有地球自转的影响，赤道以南不远的地区应该刮南风，赤道以北不远的地区应该刮北风。实际上地球有自西向东的自转，而这种自转还带着它周围的空气一道转动，因此，当风向赤道吹的过程中，也受到一个地球自转产生的地转偏向力的作用，因而在赤道以南形成了东南风，在赤道以北形成了东北风。由于地面上受热多少由太阳光直射点位置确定，而阳光直射点在一年当中定时在赤道南北来回移动，所以这种风按时而至，并在赤道南北来回移动。

气象学家指出，地球上有几个高低相间的气压带：在赤道附近是低气压带；在南北回归线附近是回归高气压带；两极是极地高气压带；在回归高压带和极地高压带之间是副极地低压带。各气压带间的风向，都受地转偏向力指挥，因此地球上形成了一系列南北相间的风带。除了前面讲述的偏东信风以外，在回归高压带和副极地低压带之间是著名的西风带。尤其在南半球，洋面广阔，受陆地地形影响少，常刮强劲的西风，因此，人们叫它"咆哮的

西风带"。在副极地低压带和极地高压带之间，是偏东的极地东风带。

👁️ "舟行而人不觉"

地球在飞快地自转，并且在地面上造成了许多严重后果，为什么我们长期以来没有觉察出来呢？关于这个问题，我国东汉时期的《尚书纬·考灵曜》一书中解释得很清楚。它指出："地恒动不止，而人不知，譬如人于舟中，闭窗而坐，舟行而人不觉也。"

哥白尼也说过类似的比喻："如果船只平稳地行驶，船外的一切东西，从船上看来，都好像是以船行的速度向后移动，以致船上的人误以为船和船上的一切东西都是静止的。这个理由，对于地球无疑也是适用的。"

伽利略的比喻更巧妙，他说："试把自己和友人关在一只大船甲板底下的大房间里，如果船用均匀的速度运动着，那么你们就不可能一下子判断出船是在运动还是静止着。你们在那里跳远的话，在地板上跳出来的距离就和在静止不动的船上跳出来的距离一样。你们不会因为船在高速度行进而向船尾跳得远些，向船头跳得近些……如果你丢掷一些东西给你的同伴，你从船尾丢向船头所花的力气，并不比从船头丢向船尾所花的力气更大……苍蝇也会四处飞行，而不会在靠近船的一边停留……"

哥白尼还说过："地球同附在它上面的东西，包括水和空气在内，一起运动，因此，空气和其中的一切轻飘之物，如果没有其他力量的驱遣，看起来都应该是静止的。"

基本
小知识

哥白尼

尼古拉·哥白尼（1473～1543）出生于波兰。40岁时，哥白尼提出了"日心说"，并经过长年的观察和计算完成他的伟大著作《天体运行论》。哥白尼的"日心说"沉重地打击了教会的宇宙观，这是唯物主义对唯心主义斗争的伟大胜利。

在这些话里，科学家们给我们指出，应该根据什么来判断我们的地球在运动。根据和我们地球一起运动的树木、田野和房屋吗？不行，这好像"关在甲板底下的大房间里"的人看到床和桌子是静止不动的一样，是察觉不了地球在自转的。他必须走到甲板上遥望两岸的树木、田野和房屋，才能判断船在运动。而根据树木、田野和房屋向后退去，才能判断出船在前进。

我们生活在地球这只巨大的"宇宙飞船"上，要察觉地球在运动，也只能依靠地球外面的参照物，这就是星星。太阳早上从东边升起来，晚上从西边落下去；月亮从东边升起来，从西边落下去；一切星星都是从东边升起来，从西边落下去。步伐是那样协调，行动是那样一致，这绝不是协商好了的，而是我们地球自转的结果。

"坐地日行八万里，巡天遥看一千河。"这概括了地球的两种运动：自转和公转。

👁 公转与自转最有力的证据

旭日东升，白昼来到；夕阳西下，黑夜降临。地球上白天和黑夜的交替是地球自转的结果。

地球本身是不发光的，它依照反射太阳光辉而照亮。太阳只能照亮半个地球。所以向太阳的一面是白天，背太阳的一面是黑夜。由于地球在不停地自转，因此被照亮的部分和照不到的部分在不停地移动，这样就造成白天和黑夜交替出现了。

一年有春、夏、秋、冬四季，春去夏来，夏去秋来，秋去冬来，天气各不相同。有一首小诗描写了四时景色："春水满泗泽，夏云多奇峰。秋月扬明辉，冬岭秀孤松。"

有人以为，四季变化是日—地距离变化引起的。从直观看，这似乎有道理。烤火的时候不是离炉火近热、离炉火远冷吗？

但四季形成的原因与日—地距离的远近无关。1月3日前后，地球离太阳最近，应该最热，而在我们北半球，1月的天气最严寒。7月4日前后，地球离太阳最远，应该最冷，而在我们北半球，7月的天气最炎热。这同日—地距离关系正好相反。在南半球的冷热情况虽然符合日—地距离远近的关系，但它不是日—地距离远近变化引起的。有人做过计算，1 月初地球从太阳那里得到的热量比 7 月初多 7%。这样微小的差异，是不会引起那么大的寒暑变化的。

天文学家告诉我们，地球轨道面和赤道面不重合，即有黄赤交角存在，这就使得在一年时间内，太阳光直射地面上的位置不断在赤道两边来回移动。阳光直射的地方，地面接收的热量多，天气热，是夏季；阳光斜射的地方，地面接收的热量少，天气冷，是冬季。介乎这两者之间的是春季和秋季。因为太阳光直射的位置在不断地移动，所以地面上一定的地方接收的太阳热量有时多，有时少，这样，就形成了四季变化。

每年春分（3 月 21 日左右）时，太阳光直射在赤道上，这时南半球和北半球得到同样多的阳光，白天和黑夜的长短正好相等，北半球气候温和是春天，南半球是秋天。

趣味点击　二十四节气歌

> 春雨惊春清谷天，夏满芒夏暑相连。秋处露秋寒霜降，冬雪雪冬小大寒。上半年是六廿一，下半年是八廿三。每月两节日期定，最多相差一两天。

当地球的北极逐渐转向太阳时，北半球接收的阳光越来越多，南半球接收的阳光越来越少。在夏至（6 月 22 日左右）的时候，太阳光直射在北回归线上空，北半球得到的热量多，是夏天；南半球相反，得到的热量少，是冬天。

当地球的北极逐渐偏离太阳时，北半球接收的阳光越来越少，南半球接收的阳光越来越多。在秋分（9 月 23 日左右）的时候，太阳光又直射到赤道上，地球上各地白天和黑夜都一样长。南半球和北半球接收到同样多的阳光，北半球是秋天，南半球是春天。

当地球的南极逐渐转向太阳时，南半球接收的阳光越来越多，北半球接收的阳光越来越少。在冬至（12 月 22 日左右）的时候，太阳光直射到南回归线上，南半球得到热量多，是夏天；北半球则相反，是冬天。

地球在轨道上周而复始地运动着，太阳光直射到地面上的位置在南回归线和北回归线之间来回移动。这样，我们居住的地球上便出现了复杂多变的四季变化。

　　除了同一个地方不同时间季节不同以外，地面上不同的地方，由于得到阳光多少不同，温度高低也是不同的。

　　在赤道附近，太阳光直射，得到的热量最多，气候炎热；在南、北极地区，太阳光斜射，得到的阳光最少，气候寒冷；在赤道和两极中间的地区，得到的太阳光在寒带和热带之间，气候温和。因此，人们把地球上分成 5 个不同的气候带，它们是热带、南温带、北温带、南寒带和北寒带。

　　季节变化和气候带的分布是证明地球公转和自转最有力的证据。

🔾 地球是个大磁场

　　远在 2000 多年前的春秋战国时代，我国就发现了自然界的磁石（即磁铁矿）和磁石吸铁的现象。古人将磁石写作"慈石"，比喻磁石吸铁犹如父母慈爱子女一样。后来，人们开始用磁石来做指示方向的工具，叫作"司南"。

司　南

　　司南的样子像一个汤勺，它的下面是一个铜盘，刻有 24 个方位。勺可在盘上转动，停止转动后勺柄就能指示南方。现在，北京中国历史博物馆内有复原的司南模型。

　　到了宋代，人们拿一根钢针，放在磁铁上方，使钢针变成磁针，发明了用人工磁化方法制成的便于应用的指南针，而且还应用到航海上。

　　我国还发现了指南针指的南北与真正南北略有偏离的磁偏角现象。后来，指南针传到了欧洲，对新航线和新大陆的发现起了很大的作用。可以说我国是世界上最早利用地球磁性的国家，而哥伦布是在发现新大陆途中才发现磁偏角的，比我国晚了约 400 多年。

司南和指南针为什么能指南北呢？人们对这一现象的认识曾经历了漫长的过程。有人曾经认为，指南针是受到遥远的北极星的吸引才永远指向北极星的方向。

但后来发现，悬挂的指南针越往北方移动时，指针北端越朝下倾斜，也就不再指向北极星了。在北极附近，指针北端指向球的北极，而指针南端指向北极星。随着自然知识的增长，人们渐渐明白了，原来我们居住的地球也是有磁性的。地磁北极吸引着磁针的南极，地磁南极吸引着磁针的北极。指南针上的磁针在地球磁性的作用下，具有指极性，就不能够指向南北了。

不过，磁铁在自己周围所产生的磁场（具有磁力作用的空间）范围是很小的。而地球磁场范围，可以延伸到地球外面 10 万千米以上的高空。所以我们说，地球是块"大磁铁"。

宇宙中的天体都普遍具有磁场。太阳的磁场强度是地球的几十倍。而有的恒星具有更强的磁场，强度为太阳的几万倍甚至上亿倍。像地球这样主要由固态物质组成的天体，磁场相对来讲比较微弱。但在八大行星中，地球的磁场要算最强的了。

恒星和太阳都具有较强的磁场，我们比较容易理解，因为这些天体主要是由等离子体所组成，而等离子体都是带电的微粒。带电微粒的运动能形成电流，产生磁场。

但是地球高空 1000 千米以上才有稀薄的等离子体，所以地球磁场的形成不同于太阳和恒星。

知识小链接

等离子体

等离子体又叫作"电浆"，是由部分电子被剥夺后的原子及原子被电离后产生的正负电子组成的离子化气体状物质。它广泛存在于宇宙中，常被视为是除去固、液、气外，物质存在的第四态。等离子体物理的发展为材料、能源、信息、环境空间，空间物理，地球物理等科学的进一步发展提供了新的技术和工艺。

对于地磁场究竟是怎样形成的这个问题，近半个世纪来才有了较明确的认识，而一些具体的问题依然没有得到彻底解决。这对人们怎样认识和尝试解决地磁场的成因问题的历程是非常有益的。

关于地磁的成因，长期以来人们始终认为：地球中心可能就是一个由铁锹组成的巨大的磁棒。也就是说，地球磁场是由于地球内部有一巨大的永久磁体，由它产生地球的磁场。

但是后来发现任何永磁体在高温下都会失去永磁性，而地核的温度非常之高，是不会存在永磁体的。后来发现电流会产生磁场的电流磁效应，又有人用地球内部有强大电流来解释地磁场。但地球有电阻，这强大的电流是如何产生和维持的呢？

问题依然未得到解决。后来又有人试图采用地球内有电荷旋转产生电流，或者地球内部巨大压力产生压电效应，或者地球内部温度不均匀产生温差电效应，或者地球由于自转获得磁矩……来说明地磁场的成因，结果都没有获得成功。

直到人们对地球内部物理状态有了深一步的了解和对地磁场观测结果的分析大量积累时，人们又提出了磁流体发电机学说，经过多年的补充和改进，学说才获得较普遍的承认。这一学说的要点是：地球内部在地幔与地核之间存在的主要成分是铁的金属流体，由于地球自转、温度和浓度上的差异等原因，金属流体会产生流动。

当其切割磁力线时就会因电磁感应而产生电势和电流，感生电流产生的磁场如果与原来磁场方向相同，就会使磁场

拓展阅读

利用磁流体发电污染轻

利用火力发电，燃烧燃料产生的废气里含有大量的二氧化硫，这是造成空气污染的一个重要原因。利用磁流体发电，不仅使燃料在高温下燃烧得更加充分，它使用的一些添加材料还可以和硫化合，生成硫酸钾，并被回收利用，这就避免了直接把硫排放到空气中，对环境造成污染。

增强（称为正反馈），从而又使感生电流增大；另一方面，金属流体的电阻又会消耗能量，阻碍电流的增加。

在一定情况下，此"发电机"的磁场达到稳定平衡，这便是所观测到的地磁场。最初的微弱的磁场可以由地球内部成分差异的电池效应和温度差异的温差电效应产生。这个发电机模型还可解释其他一些天体和星际磁场的来源，但由于数学处理上的困难，以及对地球、其他天体内部情况了解还不充分，因此这个理论还需要进一步发展。总之，目前关于地磁场成因的问题，总轮廓比较清楚了，许多问题还需补充和解决。

我们相信，随着科学的进展，这些问题将会在不断的观测实验和理论探讨的深化过程中逐步得到解决。

地球是一个磁化了的球体，其有相当强烈的磁场。这表现为磁针在地球上受到磁力的作用，使磁针指向一定的方向，即磁力线的方向。

磁力线分布在地球周围。但磁力线的方向却因不同的地点而不同。在地面上有两个地点的磁力线是垂直的。在那里，磁针的方向垂直于地平面，这就是地磁两极，即地磁北极和地磁南极。习惯上人们把位于北半球的地磁南极叫北磁极（北半球磁极）；把位于南半球的地磁北极叫南磁极（南半球磁极）。

地磁两极和地理两极是不重合的，且相距颇远。1975 年测得地磁南极位于北半球北纬 76.2°，西经 100.6°，在加拿大北部巴瑟斯特岛的西北，离地理上的北极约 1600 千米；地磁北极位于南半球南纬 65.8°，东经 139.4°，在南极洲威尔克斯地东北，离地理上的南极 1600 千米。地磁北极和地磁南极的连线叫"磁轴"。根据目前观测，地磁轴和地球自转轴相交 11.5°。地球这种偶校磁场的磁力线成轴对称地布满在地球的周围。

说明地球磁场状况的物理量有磁场强度、地磁倾角和地磁偏角，统称地磁三要素。

磁场强度是指磁场的各点所受磁极作用力的强度，地球磁场的强度单位采用伽玛来表示，地球的平均磁场强度为 50 000 伽玛。

指南针的方向，也就是磁力线的方向，与当地地平面常是不平行的，指南针对水平面是倾斜的，其所构成的俯角就是地磁倾角，叫作"磁倾角"。

由于地磁两极和地理两极并不吻合，从而地磁轴和地球自转轴也不重合。因此，地磁场的磁力线和地理经线之间就有偏角，这个交角就是地磁偏角，叫作"磁偏角"。习惯上，总是以地理经线为标准。当磁力线在地理经线以东时的偏角，叫东偏角；当磁力线在地理经线以西时的磁偏角，叫西偏角。

　　在地磁三要素中，磁偏角是与我们关系最密切的一项要素。因为航海和航空在使用磁针测定方向时，罗盘上的磁针能指南北方向，但磁针指的不是地理上的南北方向，而是指的地磁南北，与我们所需要的地理南北方向有一个偏差，这个角度偏差就是磁偏角。

　　经过世界各地的科学家长期以来对地磁各要素的测量得出的结果，人们发现地球磁场随时间有明显变化，而又变化颇为复杂。一般来说，地磁场的变化分为两种，即长期变化和短期变化。

　　长期变化是一种比较缓慢的变化，初步推断是一种周期性变化。变化周期有的长达几百至几千年。长期变化在地面各点是不一样的，但它们的增减步调却一致。

广角镜

地磁传感器

　　地磁传感器是利用车辆通过道路时对地球磁场的影响来完成车辆检测的传感器。可用于检测车辆的存在和车型识别。数据采集系统在交通监控系统中起着非常重要的作用，而地磁传感器是数据采集系统的关键部分，传感器的性能对数据采集系统的准确性起决定作用。

　　在地图上把年变率相同的地点连接起来，可以看出全球有几个年变率最大的长期变化中心，磁场强度每年都有较大的增减。地磁场强度大约每一年减少5%，变化中心缓慢的向西移动，平均每年大约移动0.2°，也就是说，西移的速度大约是30千米/年。这是一个重要的地磁现象，有人认为它起源于地球内部深处，很可能起源于地核界面，是地核相对于地幔滑动的结果。

　　磁倾角和磁偏角的长期变化也十分明显，根据一些地方熔岩的磁性测定结果，1600多年来，磁倾角变化幅度达20°，磁偏角变化幅度超过20°。据地磁学家分析，在1922～1972年的50年间，北磁极位置移动了纬度2°，南磁极移动了纬度4°25′。

　　另外有人推测，在未来的200年左右，将发生一件罕见的地理事件：那时的指南针将准确地指向北方，因为地球的北磁极将与地理北极"会师"。当然，这个时刻是短暂的，"会师"后的北磁极会立刻同地理北极分开，继续沿着自己的特定路线移去。

现在的实验观测表明，地球的磁场正在衰减，如果以目前的速度衰减下去的话，大约在1200年之后，指南针将失效，甚至在短时期内会出现"指向紊乱"现象；然后又会渐渐地（几十年或几百年）重新稳定下来，磁场强度也会由小变大，但此时的磁场方向不再是指南，而是指北了。这就是说，原来的指南针变成了指北针。

地球磁场的短期变化是地球外部因素引起的，例如太阳辐射、宇宙线和大气电离层的变化等。表现为每日地磁要素的变化，分为平静变化和干扰变化两大类了。

平静变化经常出现，规律性强，又有确定的周期。一天之中，磁偏角变化约为几分，强度变化为几十伽玛。这种变化还随地理纬度和季节、时间的不同而有所不同。

人们普遍认为，地球磁场的这种变化是太阳微粒子辐射影响的结果。这种辐射使地球大气层中形成一个巨大的电离层。由于日照的昼夜变化，使电离层导电率随之发生变化，形成电流、电流感应磁场并造成地磁场的昼夜变化。

干扰变化，又称"磁暴"。它经常发生在北方，有时也可能波及全球。持续时间为几小时，有时长达一昼夜。磁暴出现时，磁场强度发生大幅度的跳跃式变化，变化幅度可达几千伽玛。磁针不停地摆动，罗盘无法测量。

磁暴常常引起自然灾害，如使电力线损坏、铁路通讯联系中断、大变电站发生事故等，尤其严重的是短波无线电通讯效果变坏，甚至无法进行，威胁着航海、航空及宇宙通讯的正常进行。

磁暴是太阳活动与地磁场相互作用引起的一种复杂的地球物理效应。与太阳黑子周期相关，具有11个周期。在太阳黑子相对数为极大值的年代里以出现急始型磁暴为主；在黑子相对数为极小值的年份里以出现缓始型磁暴为主，急始型磁暴在整个磁暴总数中约占75%。

伴随磁暴的发生，常常在高纬度地区出现极光。极光也是自然界中的一种奇迹，据说一次北极光的能量相当于美国一天所用的电力。

➤ 地球的周期性变化

因为地球绕轴自转，所以恒星看起来是以很规则的方式穿过天空运行的。每一颗星每天通过子午线，子午线是通过两极和头顶上一点的想象中的一个大圆。

一天的长度可以用特殊的时钟（原子钟）精确地测定。测量显现日长在 0.001 秒的量级上有微小的变化，这是因为构成地球的物质由于各种过程不断移动引起的。例如，地极的冰冠作季节性融化，使赤道附近的海平面上升几厘米，从而使地球自转变慢和日长延长。当旋转着的花样滑冰者张开他（或她）的双臂而减慢下来时，就是同样的效应。

这种减慢说明角动量守恒，因为角动量是物体大小与自转速度的乘积，物体大小增加了，它的自转就会减慢，海平面上升就是这种情况。因为冰冠融化依赖于每年的季节。这现象是周期性的，在一个长时期里平均应为零。

拓展阅读

氢原子钟

氢原子钟首先在 1960 年为美国科学家拉姆齐研制成功。它是在现代的许多科学实验室和生产部门广泛使用的一种精密时钟。它是利用原子能级跳跃时辐射出来的电磁波去控制校准石英钟，但它用的是氢原子。这种钟的稳定程度相当高，每天变化只有十亿分之一秒。被广泛用于射电天文观测、高精度时间计量、火箭和导弹的发射、核潜艇导航等方面。

除了地球自转速率的周期性变化外，还有非常小但明显的演化性效应的证据——一直减慢下来绝不复原，因而它不会平均到零。这已由日食观测表明，日食是有规律的事件，发生的时间可以由地球和月球的轨道计算出来。

如果我们假定日长是常数，则可精确计算出在某个指定日食发生的时候，地球自转运动进行到什么程度，即使 2000 年前发生的也可以算。当然，地球的自转位置只由一天的时间给出；在某些情况里，古代日食观测者精确地记载下这些时间。天文学家发现古人记录下来的时刻，要比根据日长为常数所预计的时间约早 3 小时。

最简单的解释是地球自转正在减慢，所以过去 2000 年来地球自转的平均速度比现在的速度要大些。为了解释 3 小时的累积效应，我们必须假定在每一世纪当中日长增加 0.0016 秒。

如果我们把这个减慢数字应用到很长的时间跨度上，比如回到地质学家测定约为 3.5 亿年以前的泥盆纪，则一天的长度可能只有 22.45 小时；因此每年应有更多的天数，它等于 24 除以 22.45 即 1.07——每年超出 7%，总数为每年多 24 天。因此我们预料泥盆纪的一年为 389 天左右。

科学家用在巴哈马群岛找到的珊瑚的生长环检验了这个预计。他们发现现代珊瑚每年约生长 360 个环，而在泥盆纪珊瑚化石中这样的环约 400 个。如果像研究人员认为的那样每个环相当于一天的生长，这可能证明泥盆纪的一天比现在的一天短。

卫星拍摄的巴哈马群岛

地球自转减慢下来的原因被认为是由于潮汐摩擦所引起的。当潮汐的隆起部分围绕地球滚动时，它与海底和陆地的摩擦阻止着潮汐流。摩擦力施加在地球上，减低地球的自转速率。因为摩擦生热，它最后作为辐射散失到空间中，产生的能量永远消失掉，它不能回到原处复原成地球的自转运动。因此潮汐摩擦是不可逆的现象的例子是一个演化现象。附带的一个效应是月球得到了地球失去的角动量，这时它缓慢地离开地球。

到现在为止我们处理了两种不同类型的变化：周期的和演化的。许多自然现象是周期性的。海洋、昼夜、潮汐和天气图形都是自然界中周期性的现象，它们至少是以大约可以预计的方式一再重复。

另一些现象，比如太阳辐射连续不断地衰变成红外辐射以及地球自转的减慢下来，不是周期的而是演化性的，其性质是自然界明显地正在演变成为一个完全新的不同状态。在地球自转因潮汐而减慢的情况下我们看到，这个减慢的估计值和根据 2000 多年的日食测量以及 3.5 亿年的珊瑚测量所得到的结果近于相同。

这个事实意味着潮汐减慢是演化的，而不是周期性的；这个效应是长时期时间上的积累，而不是周期性地自身重复。因为这一机制涉及摩擦，它基本上是一条单行道，当地球的自转能消耗掉，变成热因而最后成为红外辐射时，没有办法将能量又转变回到自转能。这就需要引起注意一件事，即太空可以无止境地吸收辐射来的能量，却从来也不送回去。

宇宙的这个性质对于演化的发生似乎是需要的。关于生物，我们知道生命需要源源不断的能来维持它。特别是植物，它要吸收阳光并发出红外辐射来排除它多余的热，红外辐射最后散失在太空深处。如果宇宙像吸收红外线一样也辐射红外线，则天空在光谱的红外波段是明亮的，这将使植物没有办法排除多余的热，能流不久将停止，从而所有生物将会死亡。

广角镜

红外辐射陶瓷面砖

一种既可美化环境，又能够抑制多种病源性毒菌、细菌，且对人体无害的新型生态功能型建筑材料。这种材料将高性能红外辐射材料作为功能型添加剂，应用于陶瓷釉料中，利用釉面产生红外辐射的特有热效应，破坏菌体的新陈代谢和生长繁殖，在不使用专门抗菌剂的条件下，达到显著的抗菌效果，抑菌作用长久，产品性能稳定。

日食与月食的启示
——各种传说

　　在世界各国的一些古老传说里，都提到日食是怪物正在吞食太阳。中国有"天狗食日"的传说；越南人说那食日的大妖怪是只大青蛙；阿根廷人说那是只美洲虎；西伯利亚人说是个吸血僵尸；印度人则说是怪兽；古埃及人认为是蟒蛇。

　　古代中国与非洲民间认为月食是"天狗吞月"，必须敲锣打鼓才能赶走天狗。古时候，人们不懂得月食发生的科学道理，像害怕日食一样，对月食也心怀恐惧。据说，16世纪初，哥伦布航海到了南美洲的牙买加，与当地人发生了冲突。哥伦布和他的水手被困在一个墙角，断粮断水，情况十分危急。懂天文知识的哥伦布知道这天晚上要发生月全食，就向当地人大喊："再不拿食物来，就不给你们月光！"到了晚上，哥伦布的话应验了，果然没有了月光。当地人见状诚惶诚恐，将哥伦布视为神一样的人物，毕恭毕敬。

▶ 盘古开天辟地

"自从盘古开天地，三皇五帝到如今"，概括了我国的历史发展。但是，盘古开天地又是怎么一回事呢？

埃及洛克索的太阳神庙

中国神话中说：远古的时候，世界是一片混沌，就像一只大鸡蛋被蛋清蛋黄充满一样。在这个大的混沌之中，孕育着开天辟地的盘古。不知过了多少年代，盘古终于长成了。他睁开眼睛，看到的是周围一片混沌，到处漆黑，他想闯出这个地方。可是他东闯西闯，到处碰壁，周围真的像一个大鸡蛋壳一样，没有一点空隙。

盘古发火了，他不知从哪里拿来了巨大的石斧，向着混沌的边际劈去，只听一声巨响，如天崩地裂一般，"大鸡蛋"被劈开了，里边的混沌也开始变化，轻清者上浮升为天，重浊者下沉凝为地，从此天和地分开了。盘古则立于天地之间，头顶着天，脚踏着地，把天地撑开使天地不再结合在一起成为新的混沌。

天地间的物质继续分离着，这样过了一万八千年，天不再升高，地也不再加厚，而盘古就像一根擎天柱，顶天立地在天和地之间。这个伟大的巨人不怕疲劳，不肯歇息，为的是使天地分开，不再回到一片混沌之中去。

后来又不知过了多少年，天和地都凝固了，长成了，它们也

> **趣味点击** 《盘古开天辟地歌》
>
> 盘古开天地，造山坡河流，划州来住人，造海来蓄水。盘古开天地，分山地平原，开辟三岔路，四处有路通。盘古开天地，造日月星辰，因为有盘古，人才得光明。

不会搅和到一起成为混沌了，但是盘古也实在太累了，他终于倒下了。可是就在他倒下的刹那间，他的身体突然发生了巨大变化：他呼出的气体变成宇宙中的风云；他的声音变成天地间的雷鸣；他的左眼变成火红的太阳；他的右眼变成了皎洁的月亮；他的四肢变成了四根擎天柱；他的躯干变成大地上的五岳大山；他的须发变成天空中的群星；他奔流的血液成为大地上的江河；他的皮肤汗毛变成花草树木；他的牙齿骨骼变成各种矿藏和宝石；他辛勤的汗水则成为滋润万物生长的雨露甘霖，……盘古开天辟地，又用自己的身躯为世界创造了万物，为人类的发展创造了物质条件。

其实盘古开天地指的就是原始的宇宙大爆炸，太阳、地球都起源于大爆炸以后的原始星云。这些原始星云有的密集，有的稀疏，形成大小不等的团块，较大的团块又吸积较小的团块而逐渐成为更大的团块。

这些团块一边旋转一边受自引力的作用而收缩，其中间部分温度高且不断升高，当温度达到七百万度时，原始太阳就形成了，而其周围的星云盘则逐渐演化成八大行星和其他小天体。太阳、地球都已近五十亿岁了。地球在自己的进一步演化中，首先分化出地核、地幔和地壳，然后产生气体圈层，出现了水圈；大气圈、水圈、岩石圈相互作用，相互渗透，才产生原始的生命。这些原始生命进一步演化，又分化成各种门类，形成了今天的世界万物。

盘古开天辟地

在人们对自然界不了解时，总试图把解释不了的事情归到神灵那里，才由此想象出盘古开天地的神话故事。

◆ "天狗食日" 和 "天狗食月" 的传说

在我国还有一个家喻户晓的关于日食和月食的传说，这就是"天狗食日"

和"天狗食月"。传说，古时候，有一位名叫目连的公子，他生性好佛，为人善良，并十分孝顺自己的母亲。但是，目连的母亲身为娘娘，却生性暴戾，为人好恶。

有一次，目连的母亲突然心血来潮，想出了一个罪恶的主意。她想："和尚吃斋念佛，我要捉弄一下他们，让他们开荤吃狗肉。"

于是，她就吩咐人做了360个狗肉馒头，并说是素馒头，到寺院去施斋。目连知道了这件事情，就劝说母亲："请你不要这样做！这样会让大家犯戒的。"

目连的母亲根本听不进去儿子的劝告，她依然我行我素，执意要去戏弄那些和尚。目连见母亲不听自己的劝告，就派人去告诉了寺院的方丈。

方丈知道以后，就赶紧准备了360个素馒头，分给和尚们，叫他们把素馒头藏在袈裟里面。

拓展思考

南无阿弥陀佛何意

有很多人常念"南无阿弥陀佛"，却不知其意。"佛"是指觉悟者。有觉悟的人就是佛。你有了觉悟，你就是佛。因此，佛不在天上，佛在人间，佛在心中；佛不是迷信者的化身，而是觉悟者的称号。"南无"是归向于、礼敬于之意。南无阿弥陀佛的通俗语解释是：向阿弥陀佛致敬！

目连的母亲到寺庙里去施斋，发给每个和尚一个狗肉馒头，和尚在饭前念佛时用袖子里的素馒头把狗肉馒头换了下来，然后吃了下去，目连的母亲见和尚们个个都吃了自己的狗肉馒头，拍手大笑说："今日和尚开荤了！和尚吃狗肉馒头了！"

方丈双手合十，连声念道："阿弥陀佛，罪过，罪过，罪过！"

事后，方丈吩咐将360只狗肉馒头，在寺院后面用土埋了。这事被天上的玉皇大帝知道后，他十分震怒，将目连的母亲打入十八层地狱，变成了一只恶狗，永世不得超生。

目连是个孝子，得知母亲被打入了十八层地狱。他就日夜修炼，终于成了地藏菩萨。为了救自己的母亲，他用锡杖打开地狱大门。目连的母亲和所有的恶鬼都从地狱中逃了出来，她逃出来之后非常痛恨玉皇大帝，于是窜到天庭去找玉皇大帝算账。她在天上找不到玉皇大帝，就想把天上的太阳和月亮一口吞下去，让天上人间变成一片黑暗。

这只恶狗在天上追啊追啊，她追到月亮，就将月亮一口吞了下去；追到了太阳，就把太阳一口吞了下去。

不过，目连的母亲变成的恶狗也有自己的缺点。她最害怕锣鼓、鞭炮，所以每当人们敲敲打打之后，恶狗就会把吞下去的月亮和太阳吐出来。

人们想象中的天狗

太阳、月亮获救后，就日月齐辉，重新运行。恶狗看着天上的月亮和太阳，心里又不甘心了。她又重新追了上去，这样一次一次地就形成了天上的日食和月食。

民间就把日食和月食叫作"天狗食日"和"天狗食月"。不少地方的人们到现在还保留着在日食和月食的时候燃放鞭炮、敲锣打鼓的风俗。

☞ 傈僳族关于日食的传说

我国的少数民族傈僳族也有一个关于"天狗吃太阳"的传说，并且故事非常有趣。从前有一个小伙子，娶了一个非常漂亮的媳妇，生了一个可爱的女儿，生活非常幸福。

正所谓"天有不测风云，人有旦夕祸福"。忽然有一天，小伙子染上了麻风病。麻风病的传染性非常强，因此小伙子只好离开村子独自在遥远的山里找了个山洞住了下来。

一个人住多么孤独啊！于是，小伙子养了一条狗，从此和狗相依为命。日子就这样一天一天地过了下去。

后来，小伙子发现山洞附近出现了一条大蟒蛇，嘴里含着一颗宝石。小伙子不敢去惹它，总是躲着它。但是小伙子的狗却莫名其妙地死掉了。小伙子非常悲伤，他认为一定是那条大蟒蛇把自己的狗咬死了。

于是，他下定决心要把大蟒蛇除掉。小伙子在大蟒蛇经常出没的地方埋了一把尖刀，刀刃露在地上一寸左右，如果蟒蛇从刀刃上爬过，就会被开膛破肚，必死无疑。果然，没过几天，蟒蛇就死掉了。

小伙子从蟒蛇嘴里取出宝石，在狗的身体上摩擦，没想到狗竟然活了过来。小伙子非常高兴。然后他又用宝石在自己的身上摩擦，把麻风病也治好了。

小伙子马上带上狗回到村里。他妻子惊讶地问："你的病好了?"小伙子一五一十地把宝石的事情告诉了妻子。

有一天，小伙子出去了，他的妻子对宝石很好奇，就把宝石拿出来到太阳底下仔细看。没想到刚打开包裹宝石的手帕，宝石就消失不见了。

等小伙子回来，他的妻子不敢隐瞒，只好把宝石消失的事情原原本本地告诉了他。小伙子说："这宝石太珍贵了！一定是太阳神把它取去了，我要想办法把它拿回来!"

于是，小伙子准备了很多竹竿，把竹竿一根一根接起来，一直够到太阳所在的地方。临别，他再三嘱咐妻子，必须每十天给竹竿浇一次水，否则太阳的光就会把竹竿烧毁。然后，他就和他的狗一起爬上去找太阳神，要把宝石要回来。就这样，他不知爬了多久，他实在太累了，就休息了一下。在他休息的时候，狗首先爬了上去。这时候，由于小伙子的妻子忘记了浇水，结果竹竿一下子就断掉了。小伙子从天上掉了下来，摔了个粉身碎骨。

从此小伙子的狗只好住在太阳的旁边。但是，每隔一段时间，狗就会想起自己的主人和宝石。于是，狗就狠狠地咬一口太阳，甚至把整个太阳都吞了下去。每当这个时候，地上的人们就会发出"呜呜呜"的声音，叫狗不要咬太阳。狗

趣味点击　日食对古代战争的影响

公元前六百多年，雅典攻打某族时，因为发生日食而不敢继续前进，因此延迟了进攻，反倒让敌方趁这段时间有了准备，结果当雅典军队进攻敌方时，反而被打败了。公元前585年，米提斯与利比亚两族打仗，打到一半时，忽然太阳消失不见了，两族以为是惹怒了太阳神，于是止战和谈。

听到人们的喊声，以为是主人给自己送饭来了，就停止咬太阳。这样，太阳就恢复了原样。

狗咬太阳的时候也就是发生日食的时候。直到现在，傈僳族中的一些人在发生日食的时候，还会发出"呜呜呜"的声音，不让狗咬太阳。虽然，人们已经知道了日食并不是因为狗咬太阳造成的，但是这已经成了一个习惯。

夸父逐日的神话

太阳是神圣的，它每天清晨都从地平线上升起，夜晚又降落在遥远的西方。它温暖而明亮，照耀着大地万物。但它又那么可望而不可即，白天总是高高地悬挂在天上，到了晚上便不知躲到哪里昏睡。

太阳在天空中只是那么一点儿，为什么竟有那么大的能量？它发出的光来自哪里？它居住在什么地方？

这一个个的疑问搅成一个巨大的谜团，困扰着传说中远古时代跑得最快的人——夸父。

"看来要解开这个谜团只有走到太阳的身边才行。"夸父这样想着，产生了追上太阳的念头。

这一天早上，夸父朝着太阳升起的方向出发了，一走走了一整天。到了黄昏，他又朝着太阳落下的方向走。他明明看见太阳降落在前面某座大山的背后了，但走过去一看，根本就没有太阳的影子。

"太阳你究竟在哪里，你什么时候才会停歇？"夸父苦思冥想，慢慢地懂得了太阳是永远不会停歇的，它总是在运动；太阳也没有家。天地之间的这一天天不亮，夸父就起来了，吃饱了饭，喝足了水，拎起了平常随身携带的手杖，静静地等待着太阳的出现。此刻外面一片漆黑，太阳还没有露头。

夸父逐日

不久，天边露出了鱼肚白，太阳就要出现在那里了。夸父急不可待地朝着天边奔去。他的速度不断地加快，如一团风、一束光。他一步步地靠近太阳，最后整个人都融入了太阳那火红的光芒之中。

夸父的视野里只剩下了红的光和烈的火。啊，原来太阳是这样的！既不与人一样，也不同于一般的物。太阳是一个世界，充满光与火、热与血，无边无际。

"那这样的世界又是谁创造的呢？"此时，夸父感觉灼热难忍，口渴难耐，就想先喝口水再来寻找这个问题的答案。

夸父跑到了渭河，渭河之水浩浩荡荡，他一饮而尽，但还是觉得口渴。于是，他又向北边的大泽奔去。他跑啊跑啊，渐渐地双腿开始不听使唤了，胸腔里似乎有团烈火在燃烧。他支撑不住了，头晕目眩，只觉得眼前的世界在杂乱地翻转。

"啊，太阳，我终于靠近你了！就让我永远与你在一起吧，我要认真地把你探索！"夸父虚弱而又欣喜地表达着内心的渴望，说完便"扑通"一声倒下了，倒在了太阳火红的光芒之中。

夸父死去了，他的手杖化成了一片茂盛的桃林。桃林绵延好几千里，年年都会结出鲜红的桃子，像是在提醒人们：不要忘了曾经有一位勇士为探索真理而亡。

后羿射日的故事

自古以来，人们就伴随着太阳的东升西没，日出而作，日入而息，天天如此，年年如此。可是神话中传说，远古的时候，天上曾出现过十个太阳，他们都是天帝和女神羲和的儿子，一起住在东方叫作旸谷的大海里。

旸谷里长着一棵高达万丈的扶桑树，这些太阳就像鸟一样栖息在扶桑树枝上。他们每天有一个太阳值班。在扶桑树的顶上终年站着一只玉鸡，每当黑夜应该结束，黎明应该到来的时候，玉鸡就喔喔地叫起来，人间的鸡也跟着叫起来。

这时值班的太阳就要出发了，他登上母亲羲和驾着的由六条玉龙拉着的金车，开始在天穹的太阳金车大道上行驶。当太阳偏西时，他就下了金车，自己向西边的家走去，而母亲羲和则驾车返回扶桑，准备明天再送一个儿子值班。

这样日复一日，年复一年，不知过了多少年以后，有一个奸诈的天神跑去煽动太阳们，说他们的工作太乏味了，应当自由自在地到天空去玩一玩。于是太阳们偷偷地商量，明天要瞒着母亲出去戏耍一番。

第二天，玉鸡刚刚啼叫，羲和还在准备龙车，十个太阳便一下子一齐跑了出来，谁也不听妈妈的呼唤，径自向天空四散跑去，尽情玩耍。羲和驾着金车追赶他们，但追上了这个，又跑了那个，急得没有办法。

太阳们玩得真开心，可是大地上的人们可遭了殃，大地被十个太阳晒得滚烫，禾苗枯死，万木凋零，各种禽兽也被晒死、烤干。人们真的成了热锅上的"蚂蚁"，只好钻进深井和山洞中去躲避这种炎热。人类面临着灭绝的危险。

可是人们对那些横行无忌的太阳能有什么办法呢？于是只好纷纷向着天空祷告，请求天帝管束一下自己的儿子，救救无辜的人民大众。但人们哪里知道，此时的九重天上却是和风细雨，玉露甘霖，琼浆玉液，仙桃佳肴，仙乐阵阵，舞女飘飘，天帝感受不到太阳的炎烤，听不到人间的祈祷，也就不会去过问这件事。

天神中有一个叫后羿的，他的箭法极好，百发百中，天上无敌；他还有一个正直勇敢、为民请命的性格。他知道十个太阳给人间带来的苦难后，就去找天帝请命并借来彤弓和素缯。天帝则要后羿见机行事，弄不好就不要回天宫来了。

后羿带着彤弓、素缯来到人间，彤弓是一张红色的宝弓，素缯则是一袋神箭。人们听说后羿来到人间为民除害，纷纷从山洞、枯井里走出来，欢呼着。后羿看到已被折磨得不成人样的百姓，心中非常难过，更加强了他为民除害的决心。

这时，十个太阳正在狂暴地喷吐着火焰，向人们示威。后羿热血沸腾，双眼射山愤怒的火光，他取下彤弓，抽出一支素缯神箭，拉满了弓，瞄准了最近的一个太阳，而这个太阳好像正要扑下来，他用强烈的光刺着后羿的双眼，用灼热的火焰烧焦了后羿的眉睫，但后羿一动不动，"嗖"一支神箭射上天空，一个太阳迸裂了，摔在地上，原来是一只三条腿的乌鸦，像一座小山一样。

后羿射日

人们欢呼着，后羿眼看着太阳们有些慌乱，但还没有退下去的意思，便接着又抽出第二支神箭，向中间的一个太阳射去，又一只乌鸦跌落下来，其余几个太阳开始向四方逃跑。

百姓愤怒地高喊："不要让他们跑掉！"这时后羿早已忘了天帝的嘱咐，他深深地被人民的痛苦情绪感染着。他接着又连续地把神箭一支支地射上天空，仓皇的太阳一个个地落下来，最后，只剩下一个太阳脸色苍白地逃向天边。

从此，这个太阳就按部就班地在天上值班，用他的光和热照耀着大地，大地又恢复了往日的生机。可是后羿由于射死了天帝的儿子而被贬到人间，永远也回不到天宫去了。

嫦娥奔月的故事

神话中嫦娥是后羿的妻子。由于后羿射死了九个太阳，惹怒了天帝，于是天帝把后羿贬到下界，不能回天宫去。

后羿无奈，带着妻子嫦娥来到人间。他们没有到比较繁华的中原地区，生怕打扰百姓，而是悄悄地隐居在山间。下界的百姓以为后羿回到天上去了，只有每天对后羿歌功颂德，没有去打听后羿的下落。

后羿由于为民除害而受到天帝的贬罚，他心中深感上天的不公平，但由于他是为民除害、解救人类，所以想起来心中是坦然的。他每天骑着马，拿着弓箭去山里打猎，每天用自己的猎物来维持温饱，生活比起天宫来是相当艰苦的，但他又想，人间的百姓不是都过着这样的生活吗？这样的清贫反而很愉快。

但是后羿的妻子嫦娥却对这种寂寞和艰苦忍受不了。她本来在天上是受人尊敬的女神，吃的是玉液琼浆，穿的是云锦天衣，而且总有许多仙女陪伴自己游玩戏耍，每天逍遥自在。可是现在，丈夫后羿要每天出去打猎，她要自己动手去把丈夫打回来的猎物剥皮、烧烤，每天都是吃这些东西，很是乏味，而且周围一个伙伴也没有，非常寂寞。

时间一久，她开始埋怨丈夫，认为当初嫁给后羿是因为后羿是个英雄，早知有这样的下场，还不如找个平庸的天神好了。

后羿听了妻子的埋怨，很难过，也觉得是自己连累了妻子，但也想不出用什么话来安慰妻子。后来还是嫦娥说话了，她对后羿说："你回天上去，对天帝说些赔情话，求他让我们回天上去吧！"

可是后羿却说："不，我不能向他低头，我为民除害没有错，我没必要去说赔情话！"

"但你也要为将来想想啊，我们都成了凡人，以后会死的，死了就要到地下的阴曹地府，和那些鬼魂在一起，受些窝囊气，那时可怎么过呀？"嫦娥又对丈夫说。

后羿听了，感到嫦娥的话有一定道理，自己也不愿到阴曹地府去受气，但也不愿到天帝那儿去求情，怎么办呢？要想不死，只有去找长生不老药了。

后羿决定去找长生不老药。他知道，在昆仑山不远的地方有个瑶池，那里住着一位大神叫西王母，在当年能够过火山、渡弱水、登上昆仑山的大神就只有西王母一个，所以她有时从昆仑山的不死树上摘下一些果子，拿回来炼些长生不老药。

于是后羿历经千辛万苦到昆仑山的瑶池找到西王母。西王母很敬重后羿这个英雄，也很同情他，就取出仅剩的一点药交给后羿说："药只剩下这些了，你们夫妇吃了可以长生不老，要是一个人吃了，就可以升天为神了，一定保存好，下一炉药要五百年之后才能炼出来呢！"

后羿拜谢了西王母，回到家里，把药交给嫦娥，自己感到非常劳累，就想，明天再和嫦娥一起吃药吧！想着就呼呼地睡着了。

可是嫦娥却另有打算，她想，自己原是天上的女神，现在被贬，全是受丈夫连累，自己应该利用这个机会恢复成女神。

于是她背着丈夫把一包药全吃了。顿时，嫦娥感到轻飘飘地，不由自主地飘到屋外，抬头看到万里晴空，一轮明月向大地洒着姣美的光华。嫦娥在

嫦娥奔月图

空中飘着，天宫越来越近了。她猛然想起自己背离丈夫去天宫，伙伴们一定会耻笑自己。她后悔了，想回到地上去，但已身不由己了，于是她决定不回天宫，返身向月宫飘去，她想月宫里也应是一派仙境，到那里是可以安身的。嫦娥来到了月宫，却看到一片冷清，漂亮的玉宇琼楼空空荡荡，没有一点生气，她找遍月宫，只有一只小白兔可以和她作伴。她后悔极了，悔恨自己不该背弃后羿，但有什么用呢？她再也无法离开月宫了，每天只能抱着玉兔，含泪凝望着充满生气的下界，心中非常忧伤。

再说后羿一觉醒来，发现妻子不见了，又看到仙药也没有了，他马上明白了，心里很难过，他奔到窗口，抬头看见一个人影向月宫飞去，他失望又愤怒，便想用神箭射她，可又一想，既然她受不了苦，就由她去吧。这样，嫦娥就住到月宫里去了，而后羿还是下界的一个平民。

其实，月亮是地球的唯一天然卫星，它本身不发光，靠反射太阳光而显得明亮。月面上的最显著特征是月海和环形山，在没有发明望远镜的时候，这些较暗的月海和较亮的山被人们想象成一些画面。而且月球是同步自转，它几乎总是以同一面面向地球，因而，这些画面给人们留下深刻的印象和丰富的想象，月宫嫦娥的神话故事就是人们根据月面的明暗形象而想象出来的。

▶ 吴刚伐桂树的传说

月朗星稀的夜晚，当我们抬头仰望那轮明月时，似乎能看见月宫里有一棵茂盛的桂花树，有人正在不知疲倦地砍伐着它。这时，老人们就会对充满好奇的小孩子讲起吴刚伐桂树的故事。

据说吴刚是一个很聪明的人，天赋极高。可惜的是他自恃聪明，目中无人，而且做事缺乏耐心，有头无尾。

起初，吴刚见农民地里的庄稼绿油油的，鲜嫩好看，不禁对种庄稼产生了兴趣，就央求老农教他种地。没几天工夫，他就把地种得像模像样了。这时，他就觉得种地太简单了，像自己这么聪明的人，不应该总是和土地打交道，不然会降低自己的格调。

于是吴刚决心离开家乡，到大都市去学真本事。他先后拜木匠、泥瓦匠、铁匠为师，虽然学习的内容不同，但结果却是一样的：当他学到差不多的时候，就甩手不干了。

吴刚这样为自己的半途而废找理由："人间的事情呀，做来做去都是一个样，单调乏味，毫无趣味可言。看来，像我这么聪明的人，只有去做神仙，才会使生活充满乐趣。"

于是，他又离开大都市，跑到深山中寻访神仙去了。

"人间的生活太没劲了，我想做神仙，您教我做神仙吧！"吴刚向一位神仙请求道。

神仙听了他的请求，哈哈一笑，说："做神仙可不是件容易的事，不是人人都可以做到的，这需要有坚强的毅力。不过，既然你想试试，我可以教你。从明天起，我先教你医术。这是做神仙的基础，你用心学吧！"

吴刚兴奋极了，心想现在终于可以学到一件有意义的事了。此后，他每天跟着神仙翻山越岭，采集草药，学习药理。

但是，没过半个月，吴刚就厌烦了每日四处奔波的生活和枯燥无味的医术。他央求神仙道："我看医术这玩意儿也没有您说的那么深奥，您还是教我点别的吧！"

神仙迟疑了片刻，勉为其难地说："好吧，明天我就教你下围棋。这里面有高深的学问，可以培养你的悟性和耐心，帮助你练成气定神闲的功夫，助你早日成仙。"

吴刚十分聪明，没几日，围棋就下得有板有眼，大有超过神仙之势。但他觉得围棋就只有黑、白两色棋子，单调至极，便又缠着神仙说："我看下棋这东西太简单，简直是侮辱我的智商。你还是教我些难懂的吧！"

神仙无奈地长叹一声，面无表情地说："那你去读天书吧！你什么时候读懂天书，我们什么时候再相见吧！"

吴刚见神仙如此绝情，便下定决心要读懂天书。他把自己关在一个石洞里，不见天日。吴刚想了又想，脑中突然闪过月亮的影子：晚上的月亮洁白如玉，想必上面一定有好玩的。于是他兴冲冲地说："人间没有什么意思，我们还是到月亮上去走走吧！"

"这简单。"神仙微笑着说，"你闭上眼睛，跟着我就是了。"

吴刚听话地闭上眼睛，觉得自己突然轻飘飘地飞了起来，就像一片羽毛般在空中飘荡着。不一会儿工夫，只听神仙说："好了，你睁开眼睛吧。月宫到了！"

吴刚举目四望，目光所及之处皆冷冷清清，萧索荒凉，只有一棵大桂树，长得根深叶茂、郁郁葱葱、耸入云霄。

"唉，早知如此，还不如在人间玩玩呢！"吴刚失望极了，转而请求神仙带他再回人间。

神仙摸着胡子，面带微笑，若有所思地看着吴刚，说："你没有耐性，这样是成不了仙的。看到这棵桂树了吗？它号称"三百斧头"，也就是说，有耐性的人砍它三百斧头，就可以把它砍倒。而没有耐性的人即使砍上它三千斧头，它仍会边砍边长，丝毫不动摇。如果有一天你能把它砍倒，就证明你有了神仙的定性，那我就来接你回去，并请求玉帝恩准你成为神仙；要是你砍不倒它，那你就生生世世在这里砍桂树吧！"

神仙说完，便化作一缕轻烟，消失在无边无垠的天际了。

吴刚悔恨不已，直打自己耳光，骂自己"偷鸡不成反蚀一把米"。见回人间无望，他只得拼命地砍那棵桂树，希望有朝一日能将它砍倒，成为神仙。可惜他恶习不改，总是缺乏耐性，虽历经千万年，时至今日依然在月亮上东一斧头、西一斧头，无精打采地砍着那棵桂树……

庐山真面目——日食与月食

　　日食，在月球运行至太阳与地球之间时发生。日食是月球运动到太阳和地球中间，如果三者正好处在一条直线时，月球就会挡住太阳射向地球的光，月球身后的黑影正好落到地球上，这时发生日食现象。日食只在农历初一左右，即月球与太阳呈现合的状态时发生。日食分为日偏食、日全食和日环食。

　　月食是这样发生的：地球在背着太阳的方向会出现一条阴影，称为"地影"。地影分为本影和半影两部分。本影是指没有受到太阳光直射的地方，而半影则只受到部分太阳直射的光线。月球在环绕地球运行过程中有时会进入地影，这就产生月食现象。当月球整个都进入本影时，就会发生月全食；但如果只是一部分进入本影时，则只会发生月偏食。月全食和月偏食都是本影月食。月食只可能发生在农历十五前后。

日食、月食是怎样发生的

宇宙中的星星像走马灯似的，穿梭不停。地球围着太阳转，月亮绕着地球行，月亮和地球一起绕着太阳运行。

当月亮、地球和太阳三者走到一条直线附近时，就有可能发生日食、月食。因为月亮和地球都不发光，它们是靠太阳光照亮的，在太阳照耀下，月亮和地球的后面拖着一条长长的黑影子。

当月亮转到太阳和地球中间，太阳、月亮和地球几乎成一直线时，长长的月亮影子就落到地球上。在月亮影子里的人看起来，太阳被月亮遮住，便成了日食。

拓展阅读

日食对机场的影响

机场遇日食期间会制定保障预案，对于日食期间大气电离层会出现扰动，从而可能导致通信中断或受干扰等情况，机场各单位做好通信应急备份准备。日食期间，光线明显变暗，气温降低，影响风速、风力发生变化，出于安全考虑，机场会适当地控制或暂停各类施工项目，严禁高空作业或施工，避免造成人员伤害。

日　食

当地球走到太阳和月亮中间，太阳、地球和月亮几乎成一直线时，长长的地球影子落到月亮上，这便形成了月食。

由于地球相对于月亮的影子有相对的移动，月亮相对于地球的影子也有相对的移动，因此日食时太阳是一点一点被"食"掉的，月食时月亮也是一点一点被"食"掉的。

日食、月食是分别由月亮影子和地球影子造成的。由于它们的影子不同，便产生出不同的"食"。

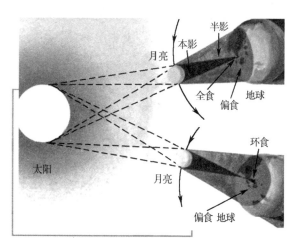

日食示意图

月亮的影子有本影、半影和伪本影之分，它们分别对应着不同的日食情形。本影是一个会聚的圆锥，投向它的阳光全部被月亮挡住，位于本影内的人看到的是日全食。

在半影内，月亮只遮住日面的一部分，看到日偏食。

月亮在椭圆轨道上绕地球运行，到地球的距离时远时近。当月亮离地球较近时，在地球上的人看起来，月亮表面比太阳表面还大，它能把整个日面挡住。在这种情况下，月亮的本影可以投到地面上，造成了日全食或日偏食；当月亮离地球较远时，在地球上的人看起来，月亮表面比太阳表面小，它不能把整个日面挡住，月亮本影的锥顶位于地球上空，只有伪本影落在地面上。在伪本影内的观测者看到黑暗的月面周围有一圈明亮的光环，这叫"日环食"。

因此，日食有日全食、日偏食和日环食三种。有时，沿日食带观测时，起初看到日环食，中间看到日全食，最后又看到日环食，这种情况叫作"全环食"。

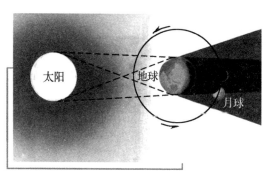

月食示意图

月亮位于地球附近，地球的本影又很长，因此地球的本影比月亮直径宽得多，所以月食没有环食，只有全食和偏食。如果月亮在地球本影边缘掠过，只有一部分掠入本影，便发生月偏食；如果月亮钻入地球本影，就发生月全食；如果月亮钻入地球半影，就发生半影月食。发生半影月食时，肉眼一般看不出月亮明显变暗，所以天文台一般不作预报。

应当指出，月全食时并不是一点月光都见不到，而是能看到一个古铜色的月面。之所以如此，是因为穿过地球低层大气的太阳光受到曲折，进入地球本影，投射到了月面上。

📷 日全食的发生与 "贝利珠"

日食共有三种：日全食、日偏食和日环食。当月亮"跑"到太阳和地球之间，而且三者位于同一直线上时，会发生什么情况呢？

在太阳光的照射下，月亮有一条长长的"尾巴"——月影。当月影一直伸到了地面上时，地面上处于月影范围内的人，就看不到太阳了，因为月亮挡住了它。

为什么月亮能把太阳挡住呢？这是因为：太阳的直径是月亮直径的400倍，月亮当然比太阳小，但是，月亮离地球要比太阳离地球近400倍之多，这样一来，太阳虽然比月亮大400倍，但却由于距离远400倍，正好抵消。所以从地球上看起来，月亮就和太阳的大小差不多。于是，一叶障目，不见泰山，小小的月球就能把巨大的太阳几乎完全挡住。

严格地讲，月亮挡掉的是太阳的光球。日冕很大，月亮挡不住它。当然，介于光球和日冕之间的色球层，也是足够大的，所以月亮也不能把它整个都遮掉。

在一切自然界现象中，没有什么比日全食更能引起人们的兴趣了。一到了预报的日食开始的时刻，千万双眼睛注视着天上的太阳。

人们可以看到：太阳圆面的西边缘，有黑暗的影子在逐渐地遮挡着它，一向光芒四射的太阳圆面，慢慢地减少了。开始是缺了边，接着越遮越多了，最后成为弯弯月牙似的一钩，暗淡的光辉代替了光芒四射的太阳光，黄昏代替了晴空万里的景色。

转瞬之间，太阳被月亮遮盖得只剩一丝光线，就在这最后光明消失之前，太阳边缘突然冒出像珍珠一样的光彩。它的出现只有 1 ~ 2 秒钟的时间，接着，太阳就全部被月亮遮挡，日全食发生了。

人们可以见到：原来的太阳位置上，变成暗黑的圆面。天色突然变暗，犹如夜幕降临。于是，雀鸟归巢，鸡鸭回窝，活跃的自然界暂时成为寂静的天地。这时候，在地平线上可以看见一圈像朝霞一样的淡红光辉。

这是被日食区域以外的大气反射形成的现象。在地平面上的行星和比较亮的恒星，都出现在这个昏暗的天空里。同时，气温迅速下降，有时候有一种"日食风"吹刮起来。

在暗黑的月亮周围，镶着淡红色的光芒，那就是太阳的色球层，它里面喷射出来的红色"火焰"就叫"日珥"。还有那银白色的光芒，那就是太阳的外层大气，叫作"日冕"。不知道有多少人以惊奇的眼光来注视着这罕见而壮丽的自然现象。这是多难得的机会啊！

但是，日全食的时间是很短促的，最长也只不过7分半钟。

当月亮继续往前移动的时候，太阳的西边缘就露出一丝亮光，

广角镜

日冕仪

日冕仪是一种能人为地制造日食，用来研究太阳的日冕和日珥的形态和光谱的天文仪器。日冕仪是法国默东天文台的李奥于1930年发明的。日冕仪最初必须放到高山上使用，以避免地球大气散射光的影响。现在已经可以放到火箭、轨道天文台和空间站上进行大气外观测。

阳光再次普照大地，真如阳光初来，清晨再现。同时，鸡鸣雀躁，直到太阳逐渐恢复光明，整个大地又成为欢腾世界。日全食的整个过程，在人们头脑中，留下了深刻的印象。

在日全食的时候，我们可以看到，在一圈光环之上似乎镶嵌了一颗光彩夺目的钻石，或者说像是一颗又大又亮的珍珠。这就是"贝利珠"。"贝利珠"从何而来呢？

前面已经谈到，月亮并不是一

"贝利珠"

个光滑的圆球，而是山峰林立，"海洋"遍地。有时，月亮差不多已经把太阳光球完全遮住了，却还有那么一个山谷，在月亮边缘造成了一个小小的"缺口"，太阳光还可以穿过它射到我们这里来。因此，周围虽已黑暗，这缺口却依然明亮如故。在这种强烈对比之下，它就显得分外耀眼，恰似一颗宝珠在黑暗里大放异彩，所以它才获得了"珠"的美称。

你知道吗

贝利珠名称由来

1836 年 5 月 15 日，英国天文学家贝利在观测日全食过程中，发现在太阳将要被月亮完全挡住时，在日面的东边缘突然出现一弧像钻石似的光芒，好像钻石戒指上引人注目的闪耀光芒，同时在瞬间形成为一串发光的亮点，像一串光辉夺目的珍珠高高地悬挂在漆黑的天空中，这种现象叫作"珍珠食"，也叫贝利珠。

人们形容一件事情存在的时间短暂，往往使用"昙花一现"这个成语。但是，贝利珠存在的时间比昙花一现还短促。因为，当月亮在它的轨道上继续移动时，刚才提到的那个小"缺口"立刻就消失了。

这时，或者是真正的全食开始了，整个光球被天衣无缝地盖了起来，或者是全食已经宣告结束，大块的光球重新开始从月亮背后露了出来。无论是上面两种情况中的哪一种，都表明了刚才的那颗"珠"已经不复存在了。

所以，要给贝利珠照个相是很不容易的。只有非常善于"抢镜头"的人才能把它拍下来。

🔭 日环食和日偏食

现在我们已经知道：当月亮跑到太阳和地球之间，而且三者又位于一条直线上时，便会发生日全食。当月亮离地球较近时，它可将光球全部挡掉；离地球稍远时，就只能挡住光球的中央，而不能挡住整个圆面了。

这又是为什么呢？如果你举起一只手，把它放在眼睛跟前，它就把一切都挡住了；把手放远一些，它还能遮住一个很大很大的气球；但放得更远些呢？它就连一个排球也遮掩不住了。

同样的道理，因为月亮离地球也是有时近有时远，所以当它离地球近时也就显得更大，就能遮挡住更大的范围；而离地球远时，它就只能挡住光球的中央部分，而露出周围的一个亮圈了，这种景象就叫作"日环食"。

1958 年 4 月 19 日，在我国的海南岛发生过一次日环食。与日全食一样，人们看到的中央的黑圆影仍旧是月亮。但是，周围的亮圈不再是日冕了。这一圈是光球的边缘。这时，月亮离地球

广角镜

观测日环食注意护眼

观测日环食最重要的就是要保护眼睛，虽然太阳部分被遮挡，太阳光并不是十分刺眼，然而 1% 的太阳面积所发出的光比电焊发出的光的亮度还要强，如果直接注视太阳时间稍微过长，就会导致视网膜黄斑被烧伤，造成"日光性视网膜炎"。观测时一定要用减光装置，譬如，专业观测镜，或者是到专业观测点进行观测。

远，因此显得更小了，它不仅不能遮掩住色球层，而且连光球也不能全部挡掉。光球的中央部分已被月亮遮去，但留下了边上的一圈依然放射着光辉。

天空还相当明亮，日冕和色球层仍旧被淹没在光亮的天空之中，用肉眼还是看不到它们。总的说来，日环食的景象是远逊于日全食的，但是见到它也同样是机会难得的。

月亮远离地球，以至于月影本身（每当月亮离地球最远时，本影长度只

日环食

有 368 000 千米）不再能到达地面。月影的延长部分（叫作伪本影）投到了地球上的某个区域，这个区域的人，虽然看不到太阳光球的中央部分，却还可以看到它的边缘部分。也就是说，看到了日环食。

因此，我们可以说：当地球上的人位于月球本影之中时，他就看到日全食；而位于月亮的伪本影之中时，就看到日环食。

广角镜

观测日偏食的简易方法

①用废胶片看。把新买的胶片扯出来，让它完全曝光。两片以上的废胶片叠在一起就可以用来对着太阳看。②用烧黑的玻璃片看。用蜡烛把玻璃片烤黑，可以用来对着看太阳。

如果在日食过程中被月亮遮挡的不是太阳的中心部分，而只是太阳的某边缘部分，那么，我们就说这时发生了"日偏食"。由于全食和环食都是太阳中心部分被挡住，所以我们又把它们合称为"中心食"。

容易理解，当地球某个区域发生中心食时，在这个区域的周围，一定有更大的范围可以看到日偏食。

见到日偏食的地区，并不在月亮的本影或伪本影之内，只能看到一部分的太阳光。这时，来自太阳圆面某一部分的光被月亮挡住，于是这部分太阳光也造成了月影。

但是，未被月亮挡住的另一部分太阳圆面却仍能照射到刚才所说的那种影子里来。因此这样的影子叫作"半影"。半影比没有影子的地方暗，但比本影要亮得多。地球上位于月亮半影内的人，就能看到日偏食。

日偏食

有时候虽然地球上的任何地方都没有发生中心食，但是却在某些地方发生了日偏食。因为这时月亮的本影和伪本影都落在地球之外，而半影的一部分却扫过了地面。

日偏食往往不太能引起人们的注意。有时候大半个太阳已经被月亮遮住了，而路上的行人还毫无感觉。

◐ 日食的几个重要阶段

让我们一起来仔细观看一下某次日全食的始末吧：晴空朗朗，万里无云，阳光普照大地，万物欣欣向荣，到处一派生机。

忽然，光辉的日轮西边缘，被一个黑影侵蚀了。这个黑影，当然就是我们多次提到的月亮了。因为月亮绕地球转动时，是从西向东"跑"的，所以它先挡住日轮的西边缘。月亮刚触及太阳的那一瞬间，即月轮的东边缘和日轮的西边缘相外切的一刹那，就是日食开始的时刻。这是月轮和日

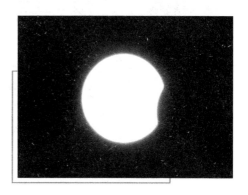

初　亏

轮的第一次相切，也是日全食的第一个重要阶段，叫作"初亏"。

从初亏开始，就是偏食阶段了。月亮继续往东运行，日轮的发光面积逐渐减小。慢慢地，太阳变成了镰刀形，但是它依然很耀眼。

在即将发生日全食的时候，我们把月亮到太阳的中心连一条线，这条线就表示这一次发生日全食的时候，月亮遮挡太阳行进的方向。日食的程度用食分来表示，食分就是太阳的直径与被食部分的比例。

我们把太阳的直径当成1。如果食分为0，就表示没有日食；如果食分为0.5，就表示太阳的直径被遮住了一半；如果食分为1，就是全食。食分越大，被食得越多；食分越小，被食得越少。

初亏的一瞬间，就是食分从0变到大于0的转折点。

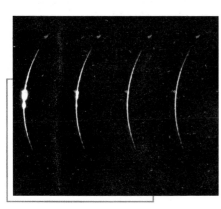

食　既

太阳的发光面积继续减小，食分越来越大。日轮变成了"娥眉月"，眼看着它的光辉就要消失了。月亮还是不停地往东运行，它将要把整个太阳光球完全覆盖掉。

最后一线阳光正在消失。但是出乎意料的是，这时却加入了一个非常精彩的节目：贝利珠。可惜这个节目很短，1~2秒钟之后它便无影无踪了。就在这时，白昼刹那间变成了黄

食 甚

昏，真正的全食開始了。日全食的第二個重要階段，叫作"食既"。食既時，月輪的東邊緣和日輪的東邊緣相內切，也是月輪和日輪的第二次相切。

月輪很快就到了日輪的中央。也就是說，現在月輪中心與日輪中心靠得最近。這一瞬間叫作"食甚"。這是日全食的第三個重要階段。這時候，日珥和日冕展示在你的眼前。如果你注視一下地平線的話，那麼可以看到一圈宛若朝霞的淡紅光輝。整個日全食過程到此恰好完成了一半，剩下的一半就好像把剛才放過的這段"電影"再倒過來放一次一樣。

現在，月輪已經越過太陽的中心。當月輪的西邊緣與日輪的西邊緣相內切時，全食的過程便告結束。

這是月輪和日輪的第三次相切，它是這次日食全過程的第四個重要階段，叫作"生光"。

"生光"這個名字，真是名副其實，太陽立即重新生光了。日冕、日珥隱沒了，光球再度顯示出它的威力，放射出萬丈光芒。

生光之後，食分漸減。月亮繼續往東撤出它所入侵的"領土"。日輪的發光面在擴大，"娥眉月"似的太陽出現了，一會兒，它變成了"鐮刀"形。

日輪的發光面還在擴大，……最後，月輪的西邊緣終於也"跑"出了太陽圓面。

拓展思考

日珥是怎樣形成的

日珥的形成問題尚未解決。最難解釋的是，大部分日珥在比它們稀薄得多的日冕中存在，常常在幾乎是空無一物的日冕中突然浮現出日珥。計算表明，日冕的全部物質都不夠凝聚成幾個大日珥，因此，日珥的物質基本上來自色球層。

临别时，月轮西边缘和日轮东边缘相外切，这是第四次相切了，也是最后一次相切。这时，食分重新降为 0，整个日食过程全部结束，太阳恢复了圆形。

因此，日食的这个最后阶段——第五个重要阶段，就叫作"复圆"。

日全食的过程是如此的绚丽多彩，甚至可以称得上惊心动魄。当这场"电影"放映结束时，你一定

生　光

会很自然地定下神来，看看地面上的种种景象有没有发生什么变化，那么，你会发现：一切如常。

日环食的全过程同样包括初亏、食既、食甚、生光和复圆 5 个阶段。它们的情况和日全食的情况相同。月轮和日轮共有 4 次相切（2 次外切，2 次内切），食甚仍然是日心和月心靠得最近的那一瞬间。但是，对于日环食，即使在食甚时，食分也小于 1。日环食远没有日全食那样引人注意，也不会有日珥和日冕。

对于日偏食也容易明白，月轮和日轮只在日食开始和结束时各外切 1 次，而不会互相内切。因此，日偏食就只有初亏、食甚和复圆 3 个阶段。

👁 什么是日食带

北京的长安街是东西方向的。假如你晚上在长安街上从西向东行走的时候，每盏路灯都会把你的影子投到地面上。现在请注意一下，你走过某一盏路灯时，影子是怎样移动的。

开始，你在灯的西面，身影就顺着街道向西躺着；慢慢地，你走过了这盏灯，到了它的东边。影子呢？当然也就慢慢地转到了灯的东面。

这个现象虽然十分简单，但对说明日食的道理却很有帮助。

世纪日食带

　　2009 年 7 月 22 日的日全食备受关注，其掩食带之宽，时间之长，经过地区人口之多，实属罕见。在 5 个多小时的时间里，日食带横扫东半球，中国全食带内大部分地区都能看到 4 分钟以上的日全食。据粗略统计，全食带经过的地区在我国就有 3 亿人口，成都、重庆、武汉、杭州和上海等大城市都在全食带中，是观测带旅游的理想选择地。

　　如果把太阳当作路灯，把月亮当作行路的人，那么，月影就相当于人的身影。月亮从西向东运动，它的影子就从西向东扫过地面。月影所之处，构成了一条带子，这条带子的延伸方向也是从西向东：影子先在西边，逐渐移向东边。

　　我们已经知道：月影之内，可见日食。于是，在月影扫过的带内，就都可以看见日食。所以，这条带就叫作"日食带"。带内发生日全食的，就叫"全食带"；带内发生日环食的，就叫"环食带"。可以看见偏食的地区，通常非常广阔，已经不像一条带子，而是很大的一片了。

　　从上面讲的道理，就可以知道：总是日食带的西端先看到日食，东端晚看到日食。那么这条带往西、往东，两头一直延伸到什么地方呢？

　　太阳每天从东方升起，所以越是东面的地方，太阳升起来越早；越是往西，太阳升起得越晚。当太阳刚从地平线上升起时，月亮的影子已经扫到了这里，并且立刻又移到更东面去了。也就是说，太阳刚出来，日食就结束了。

　　在这个地方的东面，太阳已经更早地升起，月影即将从西面扫过来，因此，再过一会儿，马上就可以看见日食了。

　　在这个地方的西面，太阳还在地平线以下，还是晚上，当然就不可能看到日食。等到太阳升起时，月影老早就跑到很东面的地方去了，所以这儿不能看见日食。

　　这样，就确定了日食带的西端。

　　再来思考一下，日食带的东端又在哪里呢？

　　越往东，太阳不仅升起越早，而且落下也越早，月影来到的时间却越晚。那么，很显然，日食带最多只能往东延伸到这样的地区：月影刚刚扫到此地，太阳正好降到地平线。也就是说，日食刚要开始，太阳已经下山，白天结束。太阳看不见了，当然也看不到什么日食了。

在这个地方的西面，太阳尚未下山，月影已经扫到，因此发生日食。在这个地方的东面，白昼已经过去，太阳要等明天才会升起，这次的日食，此地是见不到了。

这样，就确定了日食带的东端。

◤ 月食和月相

月食有两种，即月全食和月偏食。"月环食"是没有的。在前文中，我们已经提到了月食产生的原因。太阳照着月亮，产生了月影；照着地球，就产生了地影。由于地球比月亮大得多，所以和月影相比，地影可说是又粗又长。这个道理容易理解，一根电线杆的影子当然要比一根扁担的影子粗得多。当月亮跑到和太阳相反的方向上，而且又和太阳、地球处在同一条直线上时，就发生了月全食。这时，月亮跑到了地球的影子中。既然它自己不会发光，阳光又照不到它，当然我们也就看不到它了。

月全食和日全食一样，也有初亏、食既、食甚、生光和复圆5个阶段：月亮刚开始触及地影是初亏；月亮恰好完全进入地影的一刹那，是食既；月亮跑到地影最中央（即月心与地影中心靠得最近）时为食甚；月亮开始从地影中重新冒出头来为生光；月亮彻底离开地影的瞬间是

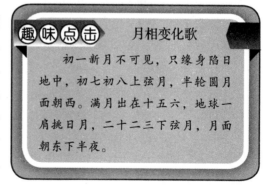

趣味点击   月相变化歌

初一新月不可见，只缘身陷日地中，初七初八上弦月，半轮圆月面朝西。满月出在十五六，地球一肩挑日月，二十二三下弦月，月面朝东下半夜。

复圆。初亏到食既是偏食阶段，食既到食甚再到生光是真正的全食阶段，生光到复圆又是偏食阶段。

有人认为，月食和月相变化是一回事，那可错了。我们在前面的内容中已经介绍了，月相变化，就是月亮的盈亏圆缺变化：上半个月，农历初一前

后，看不见月亮，初三的月亮弯弯的像个细钩，初四的月亮像娥眉，初五如镰刀，初七、初八时半个月亮天上挂，十一、十二月亮已经长成了大半个圆，十五、十六满月如玉盘。下半个月，月亮圆而复缺，盈而复亏：十八、十九又成了大半个圆，二十二、二十三还剩下一半，二十五如镰刀，二十六似娥眉，二十七又成了个细钩，到了月底，月亮又看不见了。

每个月都有月亮的圆缺变化，月复一月，年复一年，周而复始，每次都是那样地准确，这究竟是怎么回事呢？

让我们邀请一位朋友，带上一个又大又黑的球和一只手电筒，一起进入一间暗室来做一次月亮圆缺的演示吧。

把手电筒放到和眼睛差不多高的桌子上，并且将它放平、开亮，朝你的方向照来。再请你的朋友拿着那个大黑球站到你和手电中间，把它也举到手电筒那么高，而且让手电筒照亮它。这时，你就很容易看到：向着手电筒的那半个黑球变亮了，而背着手电筒的另外半个球则仍是黑暗的。亮的半边总是面向手电筒，不管球怎么放，都是如此。

这时，再请你的朋友就这么拿着球，让这球保持固定方向绕着你打转。而你自己呢？眼睛也要跟着球跑。当然，要做到这一点，你自己就必须在原地"自转"了。当你们这样做的时候，你也就看清楚了：大黑球被照亮的部分，时而整个儿地面向着你，时而完全背对着你，有时让你见得多些，有时却只让你看见细细的一条弧线，有的时候则刚好让你看到一半，也就是说，这时候你看到的那个球，是个半圆形，就像初七、初八的月亮一样。

月亮盈亏，也就是这个道理。把手电筒当作太阳，把大黑球当作月亮，把你自己当作地球。太阳照亮半个月亮，月亮的一半永向太阳。月亮老是围着地球打转，它那被照亮的半边就时而背着地球（初一），时而面向地球（十五、十六），有时被我们看到多一点（十一、十二和十八、十九），有时被我们见得少些（初三、初四和二十六、二十七），也有的时候恰好只被我们看见一半（初七、初八和二十二、二十三）。

月亮绕地球转一圈，就完成了圆而复缺、缺而复圆的整个月相变化过程。弄清楚这个道理，对于了解日食、月食的成因是有很大帮助的。就拿天上月亮的运行来说吧，假如白道面和黄道面重合的话，那么每到农历初一，月亮跑到太阳、地球的中间，当亮的半面朝着太阳、暗的半面向着地球时，它就总和太阳、地球在同一条直线上。

于是每个月的初一就一定要发生一次日食了。不仅如此，而且每到农历十五、十六，月亮就一定会跑到地球的影子中去，人们就永远也看不到整夜的满月了。代替每月一整夜满月的将是每个月发生一次的月食，这对人们来说并不是什么愉快的事情吧！

然而，事实上白道面和黄道面并不重合。所以，当月亮转到和太阳同一方向上时，并不是每次都会挡住太阳的。从地球上看来，它的位置有时比太阳高些，有时又比太阳的位置低些。

当然，也有时它正好从太阳"面前"经过，也只有在这时候，从地球上有些地区看来，月亮把太阳挡住，日食发生了。

同样，当月亮转到和太阳相反的方向上时，也就不一定每次都钻到地影中间去。有时它从地影的上面经过，有时却从地影下方溜走。当然，也有时它正好穿过地影，那么，月食就发生了。

总之，日食如果发生，那么必定在农历初一；月食如果发生，那么一定在农历十五、十六（有时十七）。而反过来却并不是每个农历初一都发生日食，也并不是每个月半都出现月食。

在月食过程中，月亮完全进入地球本影，发生的是月全食；月亮始终只有部分进入地球本影，发生的是月偏食。和日偏食一样，月偏食只有初亏、食甚和复圆，而没有食既和生光的阶段。

地影很长，大约是 1 万千米，它伸展到月球轨道处的截口直径大约是9100 千米，还比月亮本身粗大得多，所以月亮能进入地球的本影。对月食来说，不需要考虑地球的伪本影，也就是说，地影绝不会仅仅挡住月亮的中央部分而留下月轮的一圈边缘，这就是永远不会发生"月环食"的原因。

如果月亮只是进入了地球的半影，而没有进入地球本影，那么按理说这也是一种"食"，它叫作"半影月食"。但是，事实证明，这时月亮变暗很少，人们的肉眼发现不了，所以也就很少关心它，而且一般也不把它叫作月食。

日食、月食发生的规律

前面讲过，日食是月亮影子扫过地球形成的。月食是月亮钻进了地影的结果。因此，发生日月食的首要条件是太阳、月亮和地球三者大体上位于一条直线上。没有这个条件，月亮的影子扫不到地球上，月亮也进不了地球的影子，日食、月食也就无从谈起。

在朔的时候，月亮走到地球和太阳的中间，它的影子有可能扫过地球，因此，日食一定发生在朔，即农历初一。在望的时候，地球处在太阳和月亮之间，月亮有机会进入地球的影子，因此，月食一定发生在望，即农历十五或十六。

但是，并不是每次朔都发生日食，每次望都发生月食。这是什么原因？原来，月亮沿白道绕地球转，地球沿黄道绕太阳运行。白道和黄道之间并不重合，两个轨道面之间有5°9′的交角。

如果白道面和黄道面重合，那么每次朔一定发生日食，每次望一定发生月食。由于白道面和黄道面之间有交角存在，就可能发生下面两种情况：①在朔或望时，月亮不在黄道面上或黄道附近，这时就不会发生日食或月食。②在朔或望时，月亮正好位于黄道面上或黄道面附近，这时就有可能发生日食或月食。这后一种情况，只有在太阳和月亮都位于黄道和白道交点附近时才可能，因此日食或月食一定发生在太阳和月亮都位于交点附近的时候。

在地球上看来，太阳和月亮圆面的直径大约都是半度，黄道面和白道面的交角是5°9′。根据这些数值不难计算，在黄道和白道交点两边各18°31′的范围之外，不可能发生日食；而在15°21′以内，一定会发生日食；在18°31′到15°21′之间，可能发生日食。这个能发生日食的极限角距离叫作"日食限"。

同样，月亮距黄道与白道交点大于12°15′时不可能发生月食，小于9°30′时一定发生月食；在12°15′与9°30′之间，可能发生月食。

如果按日期来计算，可能发生日食、月食的那段时间称为"食季"，意思是发生日食、月食的季节。太阳每天在黄道上由西向东移动 1°，食限在黄道上的距离大约是 36°，因此太阳在黄道上走完日食食限大约需要 36 天，这就是食季长度。

食季长 36 天，而朔望月长 29.53 天，因此，在食季时间内，必定有 1 次朔日，就是说一定要发生 1 次日食。由于黄道和白道有 2 个交点（1 个升交点，1 个降交点），在每个交点附近，都有一个食限，因此在 1 年之内至少有 2 次日食。当然，这是指全球而言的，对于某一个局部地区而言，不会每年都能观测到日食。

月食的情况则完全两样，有的时候可能一年不发生月食。然而太阳在某年年初经过黄道和白道的一个交点，年中经过另一个交点，年底又经过前一个交点时，这一年内最多可能发生 7 次日月食，即 5 次日食和 2 次月食，或者 4 次日食和 3 次月食。

"四十一月日一食，五至六个月月亦一食，食有常数"，这是我国古人分析日食、月食出现的规律后得出的结论。

食有常数，意思是说日食、月食的发生是有一定规律的。掌握了这种规律，就可以预报日食、月食的发生时间。

关于日食的具体规律，我国早在汉代编纂的《三统历》中已有日食、月食循环周期的记载。《三统历》周期是 11 年少 31 天。也就是说，日食每过 11 年少 31 天重复发生一次。比如 1958 年 4 月 19 日发生过日食，1969 年 3 月 18 日又有日食，1980 年 2 月 16 日再发生日食。按照这个规律，1991 年 1 月 16 日、2001 年 12 月 15 日都将有日食。月食也是一样，1970 年 8 月 17 日有月食，1981 年 7 月 17 日有月食，1992 年 6 月 15 日也将有月食。这是粗略预报日食、月食的好方法。

基本小知识

《三统历》

《三统历》由西汉著名学者刘歆整理而成。我国史书上第一部记载完整的历法。于西汉绥和二年（公元前 7 年）开始实施，至东汉章帝元和二年（公元 85 年）为四分历取代。对后世历法产生了很大影响。

　　除了我国的《三统历》周期外，还有沙罗周期。"沙罗"的意思是重复。沙罗周期是古巴比伦人发现的，它取 223 个朔望月的周期。223 个朔望月等于 6585.32112 天，相当于 18 年零 11.3 天。它和 19 个交点年（6585.78059 天）相差很小。这个沙罗周期就是 18 年零 11 天的周期。例如 1980 年 2 月 16 日发生了日食，按照沙罗周期，1998 年 2 月 27 日和 2016 年 3 月 9 日又将发生日食。

　　应当指出，不管采用《三统历》方法，还是用沙罗周期来推算日食、月食，都是粗略的。这是因为我们取 11 年少 31 天也好，还是取 18 年零 11 天也好，都只取了整数值，整数后面的尾数没有计算在内，这样，经过几个周期后就会有几天的误差。所以不能用这些方法去推算长时间后的日食、月食。

◐ 研究日食、月食的科学意义

　　研究日食、月食有重要的科学意义。因此，世界各地的天文工作者们往往不辞辛劳，万里迢迢地赶赴日全食现场，进行观测，以取得宝贵的第一手资料。简单地说，在日全食时主要可以进行如下的科学研究工作：

　　准确地确定日全食开始和结束的时刻，定出太阳和月亮的相对位置；可以更精确地研究地球、月亮的相对大小、形状、它们的运动和轨道的有关情况；检查月、地轨道在几千年的期间内有没有变动。

　　日全食是研究色球层和日珥的大好时机。只有在日全食时才能获得较多的色球光谱，从而为研究色球层内的物理条件和化学成分提供依据。在 1868 年日全食时，就曾经在日珥的光谱中发现了鲜明的黄线，这种线条在当时地球上已知的元素中还没有发现过。经过几年之后，才在地球上发现这种元素的光谱，它就是氦。这是研究日全食的科学意义中最生动的事例之一。

　　日全食也是研究日冕的好机会。例如可以研究日冕的形状和它的变化，研究日冕内的凝聚区域、日冕的旋转速度、日冕的成分等。

　　通过观察日全食，可以研究太阳光球的"临边昏暗"规律。理论和实践都已证明：一个从里向外温度逐渐降低的高温气体球，必定出现"临边昏暗"

现象。也就是说，它的视圆面中心最亮，越向边缘就越暗。太阳的临边昏暗现象早就被发现了，日轮中心最明亮，越是临近边缘就越昏暗。掌握了临边昏暗规律，就能反过来推算太阳光球内的物理状况（温度、压力、电子密度等）。日全食时，月亮把太阳从中心到边缘的各个部分依次挡去，就为研究临边昏暗现象提供了方便。日环食虽不及日全食，但也还是研究临边昏暗的有利条件。

　　通过观察日全食，便于研究太阳表面的局部区域。例如，在月亮掩食太阳的过程中，我们发现太阳的某一局部区域被挡前后，从太阳来的无线电波（称为太阳射电）的总强度有了显著的减弱，那么这个区域就一定是个发射无线电波的强大"源泉"，它叫作太阳上的"射电源"。从我们所接收到的射电强度的变化情况，就可以反过来推算射电源的状况。日偏食和日环食时，也可以进行这项研究工作。

　　"引力会使光线偏折吗？"这个问题是很有研究价值的。爱因斯坦在 20 世纪初根据他提出的广义相对论（关于引力问题的一种物理理论），预告由于太阳引力的作用，星光从太阳旁边经过时，就会发生偏折，偏折的方向是向太阳靠拢，星光方向改变的大小是 1 角秒。平时由于阳光灿烂，看不到太阳近旁的星，所以无法测量星光究竟是不是偏折了。日全食时，天空昏暗，和太阳方向靠得很近的那些星星显现出来，就有可能测量了。进入 20 世纪以来，科学家曾经利用许多次日全食进行了测量。由于这种测量困难很大，极难测准，所以各次测量的结果往往不太一样，有时甚至差得很多。但是，基本上都肯定了：星光经过太阳近旁时，确实会朝着太阳偏折，而且偏折的数值比原来测定的还要大（为 2 角秒多些）。这个问题很复杂，还有待于今后做更多的研究。

基本小知识

广义相对论

　　广义相对论，是爱因斯坦于 1915 年以几何语言建立而成的引力理论，结合了狭义相对论和牛顿的万有引力定律，将引力改描述成因时空中的物质与能量而弯曲的时空，以取代传统对于引力是一种力的看法。

除此之外，日全食还有利于寻找新的、离太阳很近的行星和彗星。日全食对各种地球物理现象的影响现在也很受重视：研究全食时地磁、地电的变化；与黑夜极光相对比研究白昼极光；研究全食时的电离层和短波通讯情况等都是很有实际意义的。日全食和气象的关系也很值得注意。例如，有时云层正好在全食前局部地消散了，全食后又出现了，1966 年 11 月 12 日巴西和巴拉圭的日全食就是这样，类似的情况历史上还有过几次，有人认为这与日全食的降温作用有关。但是，日全食时正碰上阴天，以致使观测者们一无所获扫兴而归的实例，也屡次发生。

最后，在日全食时进行生物的生态观测，也是内容丰富多彩而又生动有趣的事情。

对月食的观测和研究具有重要的科学价值，可以推定月亮的体积、视差及月亮轨道的准确位置；测量各不同食分时月面辐射热的分布；通过观察月食时的铜红色月面，拍摄光谱以研究地球大气的组成状况，等等。

古代的日食、月食记载也有它的实际应用价值。例如，我们可以根据现在地球的自转情况，来推算历史上的日、月食应发生在何时何地。这样算出的结果，往往在时间和地点上与古代记录的日食、月食情况有差异。根据这种差别，就可以计算地球自转的变化情形，它证明了地球的自转在逐渐变慢。

▶ 太阳元素的发现与日食

氦是地球上最轻的元素之一，仅次于氢。在化学元素周期表中，氦排列在第二位。氦在希腊文中的意思是"太阳"。因此，氦也被称为"太阳元素"。但是，氦元素和太阳有什么关系呢？为什么要把它叫作太阳元素呢？

这一切都得从一个日食说起。1868 年发生了一次日食。在日食期间，日珥的光谱观测获得成功。天文学家们在分光镜中看见了几条谱线，其中一条是从来没有见到过的黄线，它像钠的谱线，但不是钠的谱线。钠的谱线波长是 589 纳米（5890 埃），而这条黄线是 587.5 纳米（5875 埃）。

因此，对于是否有这条黄线存在，科学家之间产生了分歧。有的肯定地说，它就是钠线；有的则说，这不是钠，它是只有太阳上才有的一种未知元素，并把它叫作"氦"，意思是只有太阳上才有。

天文学家推测，氦是很轻的气体，因为它浮在太阳的高层大气中。氦只存在于太阳高层大气中吗？有人不相信，于是开始在地球上寻找。

这当中出现了一段插曲：英国物理学家莱列伊在精密测定氮的重量时，发现从氨中提取的氮和从空气中提取的氮重量不同。他怀疑从空气中提取的氮不纯，很可能混进了比氮重的气体。为了尽快弄清为什么从氨中提取的氮比从空气里提取的轻，他邀请著名化学家拉姆泽一道研究。

在研究当中，拉姆泽想起 100 年前卡文迪许的一个实验。1785 年卡文迪许在从空气中提取氮的时候，发现玻璃试管中有一种气体形成的小气泡，无论怎么敲击总不和氧化合。拉姆泽想："莱列伊大概和卡文迪许碰上同样的气体了。"

知识小链接

卡文迪许

卡文迪许（1731～1810），英国化学家、物理学家。1784 年左右，卡文迪许研究了空气的组成，发现普通空气中氮占五分之四，氧占五分之一。卡文迪许在热学理论、计温学、气象学、大地磁学等方面都有研究。在物理学上他最主要的成就是通过扭秤实验验证了牛顿的万有引力定律，确定了引力常数和地球平均密度。

于是他在更大的规模上重复卡文迪许的实验。经过大量实验，1894 年，拉姆泽查明了这种不和氧化合的气体的身份：这是一种新的气体，名字叫氩。它是一种惰性气体。

氩发现以后，拉姆泽以为大功告成了。可是没过多久，有人指出著名的旅行家诺尔登舍尔德从挪威带回一种钇铀矿，可以分解出一种不同氧化合的气体，这种气体的光谱不是氩的光谱，而有黄色明线，很像太阳上氦的光谱。

为了弄清这是什么气体，拉姆泽想了好久。一次，他想起了 25 年前在日珥光谱中发现的黄色明线——氦元素。钇铀矿中分解出来的气体不就是氦吗？几乎在同一时间，瑞典物理学家兰格列也发现了氦。

　　从此，"只有在太阳上才有的"氦在地球上"报户口"了。氦是一种很轻的元素，仅比氢重，在门捷列夫元素周期表上占据第二位。它是很好的冷却剂，经常用来填充高空科学气球。繁华的闹市区闪烁的黄蔷薇色霓虹灯中也是充的氦气。早年"只有在太阳上才有的"氦，已为人类造福了。

　　在发现氦元素的过程中，日食起到的作用可真不小啊！如果没有日食，也许人类永远也不会发现"太阳元素"！

"延长的眼睛"——望远镜

　　望远镜是一种利用凹透镜和凸透镜观测遥远物体的光学仪器。利用通过透镜的光线折射或光线被凹镜反射使之进入小孔并会聚成像，再经过一个放大目镜而被看到。望远镜的第一个作用是放大远处物体的张角，使人眼能看清角距更小的细节。望远镜第二个作用是把物镜收集到的比瞳孔直径（最大8毫米）粗得多的光束，送入人眼，使观测者能看到原来看不到的暗弱物体。

　　望远镜延长了人类的眼睛，是天文和地面观测中不可缺少的工具。在日常生活中，望远镜主要指光学望远镜。但是在现代天文学中，天文望远镜包括了射电望远镜、红外望远镜、X射线和伽马射线望远镜。近年来天文望远镜的概念又进一步地延伸到了引力波、宇宙射线和暗物质的领域。

三星堆古人的 "望远镜"

观测日食和月食自然离不开观测工具。观测工具中无论如何也离不开望远镜。望远镜是人类延长了的"眼睛"。其实，在古时候，人们就想延长自己的眼睛了。

望远镜

1929 年，在川西平原的广汉南兴镇，当地农民燕道诚在宅旁挖水沟时发现一坑精美的玉石器，因其浓厚的古蜀地域特色，迅速引起了世人的关注。

此后，经过几代人的努力，终于在这里发现了一个"三星堆古王国"。1986 年发掘的一号、二号祭祀坑，出土了1200 件玉器与青铜器，轰然现世，震惊全球。英国《独立报》撰文说：三星堆的发现"比有名的中国兵马俑更加非同凡响"。

三星堆遗址文化距今 4800～2800 年，即从新石器晚期至商末周初。这个近 2000 年的古蜀文明来去匆匆，突然消失，充满了神秘色彩。整个遗址占地 12 平方千米，仅发掘了 500 多平方米。如要弄清它的全部面目，则还需开挖 1 万个探洞，花费 100 年的时间。

有人判断，20 世纪初人们发现的敦煌是西北丝绸之路上的一颗明珠；而 21 世纪的三星堆可能将成为西南文化走廊上的又一个"敦煌"。

在三星堆出土的青铜器中，有闻所未闻的青铜树、金手杖、金面罩和青铜人头像等。尤为注目的是，这些文物展示了一个向往飞翔的古老集体。在这里，鸟是他们普遍的偶像，鸟的眼睛特别受到尊敬，被深深地崇拜着，还有许多眼形器和铜眼球，其瞳孔被极度夸张。

特别使人惊奇的是，他们把人类自己的眼睛也理想化了：戴上了一副"望远镜"。这也许是早期人类对世事的"童言无忌"，盼望延伸眼睛这个器

理想化的眼睛

官，来探索宇宙的奥秘。虽然也有许多史前文明都显示了人类对探测宇宙的浓厚兴趣，但三星堆文明表现得最为执著、最为深刻。

尽管这些器具看起来有些荒诞、不可思议，但却反映了我们祖先认真求索的科学理念和世界一流的艺术创造。今天我们睹物思人，将时间回溯到人类的"童年"时代，仿佛看到了先人们对未知世界的好奇和无奈，也听到了他们用童趣般的热情向现代科学发出的声声呼唤。

历史事实是，这种愿望终于在 400 多年前得以实现。人类的眼睛真的被"延长"了。望远镜的发明和应用对于人类所起的作用是难以估量的。没有望远镜，就不可能了解天体的基本运动，不可能有对神创论勇敢的否定。牛顿也就不可能将万有引力理论应用于天体研究，写出了《自然哲学的数学原理》，成为现代科学各个方面的基础，当然也就没有以万有引力理论为基础的现代工业社会。

今天，人类不仅能够像鸟那样在蓝天里自由飞翔，而且已经摆脱地球的引力束缚，飞驶到古人们感到神秘莫测的太空世界，正在努力探究宇宙的各种奥妙。要是三星堆古人真有"在天之灵"，他们一定会为这样的后代感到无比自豪，一定在暗暗地保佑我们，在未来的征途中平安、吉祥。

拓展思考

三星堆文化

三星堆文化是夏人的一支从长江中游经三峡西迁成都平原、征服当地土著文化后形成的，同时西迁的还有鄂西川东峡区的土著民族。三星堆文化可以说是以夏文化和鄂西川东峡区土著文化的联盟为主体的考古学文化。通过鄂西地区、三峡地区这样的传播路线进入了四川盆地中心的成都平原，在当地相当发达的土著文化的基础上，形成了三星堆文化。

折射式天文望远镜

折射望远镜，是用透镜作物镜的望远镜。分为两种类型：①由凹透镜做目镜的，称"伽利略望远镜"；②由凸透镜做目镜的，称"开普勒望远镜"。因单透镜物镜色差和球差都相当严重，现代的折射望远镜常用两块或两块以上的透镜组做物镜。

其中以双透镜物镜应用最普遍。它由相距很近的一块冕牌玻璃制成的凸透镜和一块火石玻璃制成的凹透镜组成，对两个特定的波长可完全消除位置色差，对其余波长的位置色差也可相应减弱。

在满足一定设计条件时，还可消去球差和彗差。由于剩余色差和其他像差的影响，双透镜物镜的相对口径较小，一般为 1/15 ~ 1/20，很少大于 1/7，可用视场也不大。口径小于 8 厘米的双透镜物镜可将两块透镜胶合在一起，称"双胶合物镜"；留有一定间隙没有胶合的称"双分离物镜"。

为了增大相对口径和视场，可采用多透镜物镜组。对于伽利略望远镜来说，它结构非常简单，光能损失少，镜筒短，很轻便，而且成正像。但倍数小，视野窄。一般用于观剧镜和玩具望远镜。

对于开普勒望远镜来说，需要在物镜后面添加棱镜组或透镜组来转像，使眼睛观察到的是正像。一般的折射望远镜都是采用开普勒结构。由于折射望远镜的成像质量比反射望远镜好，视面大，使用方便，易于维护，中小型天文望远镜及许多专用仪器多采用折射系统。但大型折射望远镜制造起来比反射望远镜困难得多，因为冶炼大口径的优质透镜非常困难，且存在玻璃对光线的吸收问题，所以大口径望远镜都采用反射式。

1608 年，荷兰眼镜商人李波尔赛偶然发现用 2 块镜片可以看清远处的景物，受此启发，他制造了人类历史上第一架望远镜。

1609 年，伽利略制作了一架口径 4.2 厘米，长约 1.2 米的望远镜。他是用平凸透镜作为物镜，凹透镜作为目镜，这种光学系统称为"伽利略式望远镜"。伽利略用这架望远镜指向天空，得到了一系列的重要发现，天文学从此进入了望远镜时代。

1611 年，德国天文学家开普勒用 2 片双凸透镜分别作为物镜和目镜，使放大倍数有了明显的提高，以后人们将这种光学系统称为"开普勒式望远镜"。现在人们用的折射式望远镜还是这 2 种形式，天文望远镜是采用开普勒式。

开普勒

开普勒（1571～1630），德国著名的天体物理学家、数学家、哲学家。他首先把力学的概念引进天文学，他还是现代光学的奠基人，制作了著名的开普勒望远镜。他发现了行星运动三大定律，为哥白尼创立的"太阳中心说"提供了最为有力的证据。他被后世誉为"天空的立法者"。

需要指出的是，由于当时的望远镜采用单个透镜作为物镜，存在严重的色差，为了获得好的观测效果，需要用曲率非常小的透镜，这势必会造成镜身的加长。所以在很长的一段时间内，天文学家一直在梦想制作更长的望远镜，许多尝试均以失败告终。

1757 年，杜隆通过研究玻璃和水的折射和色散，建立了消色差透镜的理论基础，并用冕牌玻璃和火石玻璃制造了消色差透镜。但是，由于技术方面的限制，很难铸造较大的火石玻璃，在消色差望远镜的初期，最多只能磨制出 10 厘米的透镜。

19 世纪末，随着制造技术的提高，制造较大口径的折射望远镜成为可能，随之就出现了一个制造大口径折射望远镜的高潮。世界上现有的 8 架 70 厘米以上的折射望远镜中有 7 架是在 1885～1897 年期间建成的，其中最有代表性的是 1897 年建成的

早期的折射望远镜

口径 102 厘米的叶凯士望远镜和 1886 年建成的口径 91 厘米的里克望远镜。

折射望远镜的优点是焦距长，底片比例尺大，对镜筒弯曲不敏感，最适

合做天体测量方面的工作。但是它总是有残余的色差，同时对紫外、红外波段的辐射吸收很厉害。而巨大的光学玻璃浇制也十分困难，到 1897 年叶凯士望远镜建成，折射望远镜的发展达到了顶点，此后的这 100 年中再也没有更大的折射望远镜出现。这主要是因为从技术上无法铸造出大块完美无缺的玻璃做透镜，并且，由于重力使大尺寸透镜的变形会非常明显，因而丧失明锐的焦点。

反射式望远镜

反射式望远镜是使用曲面和平面的面镜组合来反射光线，并形成影像的光学望远镜，而不是使用透镜折射或弯曲光线形成图像的屈光镜。

反射式望远镜的性能很大程度上取决于使用的物镜。通常使用的球面物镜具有容易加工的特点，但是如果所设计的望远镜焦比比较小，则会出现比较严重的光学球面像差；这时，由于平行光线不能精确地聚焦于一点，所以物像将会变得模糊。因而大口径、强光力的反射式望远镜的物镜通常采用非球面设计，最常见的非球面物镜是抛物面物镜。

由于抛物面的几何特性，平行于物镜光轴的光线将被精确地会聚在焦点上，因而能大大改善像质。但即使是抛物面物镜的望远镜，仍然会存在轴外像差。

反射望远镜由于工作焦点的不同分为主焦点系统、牛顿系统、卡塞格林系统、格里高里系统、折轴系统等，通过镜面的变换，在同一个望远镜上可以分别获得主焦点系统（或牛顿系统）、卡塞格林系统和折轴系统。这些系统的焦点，分别称为主焦点、牛顿焦点、卡塞格林焦点、格里高里焦点、折轴焦点等。单独用上述一个系统做望远镜时，分别称为牛顿望远镜、卡塞格林望远镜、格里高里望远镜、折轴望远镜。大型光学反射望远镜主要用于天体物理研究，特别是暗弱天体的分光、测光以及照相工作。

牛顿式反射望远镜通常利用一个凹的抛物面反射镜将进入镜头的光线会聚后反射到位于镜筒前端的一个平面镜上，然后再由这个平面镜将光线反射到镜筒外的目镜里，这样我们便可以观测到星空的影像。

基本
小知识

折轴望远镜

光线通过光学元件沿轴射出的望远镜称为"折轴望远镜"。这种望远镜的焦点称为"折轴焦点"。折轴望远镜的主要特点是，当望远镜跟踪天体运动时，轴线上的星像并不随之而动，这样就可以在折轴焦点后面，安置与望远镜本体脱离的、不随望远镜运动的庞大的终端设备。

牛顿望远镜的优点是，由于反射镜的造价要比透镜低得多，因此对于大口径的望远镜来说，经常做成反射式的，而不是笨重的折射式。便携式设计的反射望远镜，虽然镜筒只有500毫米，但焦距却可以达到1000毫米。牛顿式反射镜非常适合观测那些暗弱的河外星系、星云。有些时候用这种望远镜观测月亮和行星也是很适合的。如果要进行拍照，使用牛顿式望远镜是非常好的，但是使用起来要比折射式望远镜麻烦一点。牛顿式结构可以很好地会聚光线，在焦点处得到一个非常明亮的像。

牛顿式反射望远镜

它的缺点是，开放的镜筒式的空气可以流通，这样不仅会影响到成像的稳定度，而且一些尘埃会随着流动的空气进入镜筒并附着在物镜上，长此以往会破坏物镜表面的镀膜，使其反射力下降。由于这种结构的物镜比较容易破裂，所以使用的时候需要加倍小心。对于偏轴的光线，牛顿式望远镜会产生彗差。这种结构的望远镜不适合于对地面景观的观测。通常牛顿式望远镜的口径和体积都比较大，因此价格也比较昂贵。由于它加了一个二级平面反射镜，所以会损失一些光线。

卡塞格林望远镜是由两块反射镜组成的一种反射望远镜，1672年为卡塞格林发明。反射镜中大的称为主镜，小的称为副镜。通常在主镜中央开孔，成像于主镜后面，它的焦点称为"卡塞格林焦点"。这种卡塞格林望远镜，又称为"耐司姆斯望远镜"。

折轴望远镜是光线通过光学元件沿轴射出的望远镜。这种望远镜的焦点称为折轴焦点。各种装置形式（赤道式、地平式等）的折射望远镜、反射望远镜、折反射望远镜都可以配置成折轴望远镜。

反射式望远镜的历史

折射望远镜产生的像差，主要是因为光线通过透镜以后再聚焦而产生的，那么能不能不通过透镜折射后聚焦而通过镜面的反射而聚焦成像呢？为此英国的物理学家、天文学家牛顿首先提出用一定形状的反射镜，也可以把平行光线会聚在一起而聚焦成像。

1668 年牛顿亲自动手磨制了一块凹球面镜。镜子材料选用合金（铜、锡、砷），颜色为白色，镜面直径为 2.5 厘米，镜筒为 15 厘米长的金属筒，在镜筒末端安装了物镜。当来自天体的平行光束，投射到物镜上，经过反射后会聚到焦点处，然后可以看到天体的像。此焦点又称"主焦点"，在主焦点前安放一个小平面镜，使它与主轴光线之间夹角为 45°。把光线转向 90°，然后在镜筒一侧聚焦成像，此焦点称为"牛顿焦点"。在牛顿焦点后安放目镜便可以进行观测了。这是牛顿制作的第一架反射望远镜。这种望远镜外形上短粗矮胖，产生的物像可以被放大 40 倍。

牛顿制造第一架反射望远镜虽然不想公开宣传，但引起了人们的关注。后来牛顿又制作了第二架反射望远镜，物镜口径为 5 厘米。他于 1672 年 1 月 11 日送给皇家学会，目前这架反射望远镜，仍在英国得以很好地保存。

反射望远镜的发明，为望远镜家族增加了新的活力，人们以极大的热情研究不同类型的反射望远镜。最早提出制作新型反射望远镜的人是英国天文学家詹姆斯·格雷果里。1663 年，他提出一个方案：利用两面镜子，一面主镜，一面副镜；口径较大的凹抛物面镜作为主镜，镜中心钻个圆孔，把此镜放在望远镜的一端，让光线从另一端进入镜筒射在主镜上，经过主镜的反射光线会聚至焦点处，再选口径较小的凹椭球面镜作为副镜，将它放置在镜筒内的主镜焦点后，经副镜重新反射发散，使光线进入主镜的中心，然后再重新聚焦成像。在主镜后焦点处再通过目镜产生一个放大像。

用这种望远镜观看时，如同折射望远镜一样，观测者直接对着物体的方向观测。但是这种反射镜的镜面要求较高，磨制起来比较困难，并且镜筒长且曲度较大。所以格雷果里始终没能造出一架可以用来工作的反射望远镜。但是，他的理论丝毫没有错，后来有人据此制作的"格里式望远镜"一直工作得很好。

1672 年法国人 N. 卡塞格林提出新的反射远镜设计方案。他对格里式望远镜进行改进，主镜仍是中心有孔的凹抛物面镜，只是把副镜磨制成凸双曲面镜。当来自天体平行主轴的光线，投射到主镜上，再经过主镜反射，在镜前聚焦，在光束尚未完全会聚时，又受到在主焦点前的副镜再一次反射，使光线发散，然后穿过主镜中心孔后再聚焦，此焦点又称"卡塞格林焦点"。同样在

广角镜

赫歇尔望远镜

赫歇尔望远镜的镜面以轻质金刚砂为材料，直径达到 3.5 米，是哈勃望远镜镜面直径的约 1.5 倍。是欧航局于 2009 年 5 月 14 日被火箭带上太空的一颗探测卫星，实质上是一台大型远红外线太空望远镜，是迄今为止人类发射的最大远红外线望远镜，将用于研究星体与星系的形成过程。

此焦点处用目镜观看，则可看到再放大的像。

这种反射望远镜称为"卡塞格林望远镜"，简称"卡式望远镜"。卡式望远镜焦距长而镜筒短，得到倍率大、星像大的好效果。拍摄天体也可得到大而清晰的像。若将卡式的副镜换成平面镜，安放在与光轴成45°角的位置，这样可改成牛顿式望远镜，在侧面成像。因为这种望远镜有两种光路成像系统，所以又称为"耐司姆斯望远镜"。

在反射望远镜加工制造者中，最为突出的是英国天文学家威廉·赫歇尔（1738～1822）。赫歇尔生于德国的汉诺威，1757 年迁居英国。起初在英国生活时，由于能吹一手好号，先是担任音乐教师。但他的兴趣很广泛，特别渴望观测浩瀚的宇宙、观测美丽的行星和神奇的恒星。他曾租了一架长 60 厘米的格雷果里式望远镜，对星空进行观测，但效果不好。

若要购置较好的望远镜，因为经济条件窘困又难以实现。于是赫歇尔下

决心自己磨制望远镜。1772 年，他把妹妹卡罗琳从汉诺威接到英国，照料他的生活，他自己则专心投入磨镜子的工作。他磨制第一块镜子时非常刻苦顽强，一天连续磨制好几个小时，有一次竟达 16 小时，连吃饭都顾不上，只好让妹妹给他喂饭吃。凭着这种坚忍不拔的精神，他终于磨制出了第一块直径为 15 厘米的反射镜，并制作了一架长 2.1 米，可放大 40 倍的牛顿式反射望远镜。

天王星

他用这架望远镜观看了猎户座大星云，并且清楚地观测到了土星光环。特别是在 1781 年 3 月 13 日，赫歇尔在观测天体时，偶然在望远镜中看到的天体不是个光点而呈现出一个圆面。开始他认为发现了新彗星，但进一步观测，发现这个天体像行星那样环绕太阳运动，以后证实这是一颗离太阳远达 28 亿千米的新行星，被命名为"天王星"。

天王星的发现轰动了英国，赫歇尔立即被选为英国皇家学会会员，被授予显赫的荣誉，获得了科普利奖。赫歇尔一生中磨制了数百架天文望远镜，其中在 1786 年磨制了最大的一架望远镜，口径为 122 厘米，镜筒长为 12.2 米。这个庞然大物在巨大的构架中竖立起来，看上去活像一尊指向天空的大炮，人们进行观测时需要爬到镜筒内寻找焦点。它所设计的光路称为"赫式望远镜"，望远镜将主镜斜放镜筒一端，将会聚光束的焦点靠近前方，去掉副镜直接用目镜进焦点处进行观测。当他使用这个庞然大物进行观测的第一夜，就发现了土星的两颗新卫星。以后观测银河系也取得了很大成功。赫歇尔不愧为在天文学发展史上立下丰功伟绩的全能天文学家。

19 世纪中叶，制作反射望远镜口径最大的是英国天文学家罗斯伯爵。他出身贵族，喜好天文，在 1842 年开始筹措制造口径 184 厘米的大反射望远镜，历经 3 年的磨制，曾 4 次失败。目前在天文观测中，反射望远镜已成为现代天文观测的常用工具。世界上已建造口径在 2 米以上的反射望远镜有 15

台之多，超过 5 米口径以上的反射望远镜已有 3 台。最著名的是安装在美国帕洛马山的天文台内的 508 厘米反射望远镜。制造这架望远镜，曾经历了许多风风雨雨。

1928 年美国天文学家海尔已近晚年，当时洛杉矶城市已很繁荣，城市灯光很亮，离此城不远的威尔逊山天文台受到干扰，为避免城市灯光干扰，并且提高观测能力，海尔决定在距离威尔逊东南 145 千米的帕洛马山上，建造一个 508 厘米的大反射望远镜。他首先经过严格挑选光学玻璃，磨制前在玻璃背面钻 100 多个孔洞，使镜后成为蜂窝状，中心钻孔为 1.1 米。经过漫长的时间磨制，总共磨掉 4500 千克的玻璃，研磨过程中，消耗掉了 28 吨金刚砂，最后镜重为 1.45 吨，直到 1948 年才建成。可惜的是 1938 年海尔与世长辞了，没能看到这架大望远镜的建成。为纪念他的卓越贡献，人们将此架望远镜命名为"海尔望远镜"。

这是全世界望远镜的佼佼者。这架望远镜的建成，为天文学的发展起到了推波助澜的作用。它能探测到宇宙中远达 12 亿光年的暗弱天体，探测人们所不知道的恒星和星系的秘密，极大地开阔了人类的眼界，扩大了人类认识宇宙的范围，取得的一系列新成果，使天文学向前迈进了一大步。

随着科学技术水平的不断提高，人们在制作大口径反射望远镜方面也不断有所提高。前苏联科学院磨制的口径 6 米的反射望远镜，1976 年安装在俄罗斯高加索山上泽连丘克斯卡亚。进入 90 年代美国又在夏威夷英纳克亚建成了 10 米口径大型反射望远镜。我国口径最大的 2.16 米反射望远镜是 1988 年在北京天文台河北兴隆观测站落成的。这个观测站地处长城北侧、海拔 960 米的燕山主峰南麓，这也是一个天体物理光学观测的基地。

👁‍ 折反射式天文望远镜

折反射式望远镜，顾名思义是将折射系统与反射系统相结合的一种光学系统。光线先透过一片透镜产生曲折，再经一面反射镜将光反射聚焦，这种结合折射与反射的光学系统就称为"折反射式望远镜"。它的物镜既包含透镜又包含反射镜，天体的光线要同时受到折射和反射。这种系统的特点是便于校正轴外像差。以球面镜为基础，加入适当的折射元件，用以校正球差，得以取得良好的光学质量。

由于折反射式望远镜能兼顾折射望远镜和反射望远镜两种的优点，因此非常适合业余的天文观测和天文摄影，并且得到了广大天文爱好者的喜爱。

应用最广泛的折反射式望远镜有施密特、施密特－卡塞格林系统、马克思托夫与马克思托夫－盖塞格林望远镜4种类型。由于折反射望远镜具有视面大、光力强等特点，适合观测延伸（彗星、星系、弥漫星云等）天体，并可进行巡天观测，较适合天文爱好者使用。

基本小知识

弥漫星云

弥漫星云是指星际气体或尘埃组成的不规则形状的云雾状天体。包括亮星云和暗星云。弥漫星云平均直径大约几十光年，平均密度 $10 \sim 100$ 原子/cm^3。大多数弥漫星云的质量在10个太阳质量左右。

首先发明这种形式望远镜的是德国人施密特。1931年，德国光学家施密特用一块别具一格的接近于平行板的非球面薄透镜作为改正镜，与球面反射镜配合，制成了可以消除球差和轴外像差的施密特式折反射望远镜，他首先于1938年制作了第一部折反射式望远镜。这种望远镜光力强、视面大、像差小，适合于拍摄大面积的天区照片，尤其是对暗弱星云的拍照效果非常突出。施密特望远镜已经成了天文观测的重要工具。

施密特研磨了一片中央凸、周边凹、形状复杂的波浪状修正透镜，将这片修正透镜置于镜筒最前端，让光线进入后不是收缩聚焦，而是向外产生曲折，然后经后方的球面主镜反射聚焦。如果在焦点处放上底片，就是天文摄影专用的施密特照相

施密特望远镜

机。若用第二面反射镜（副镜）将光线再反射到主镜后方的开孔，就称为"施密特－卡塞格林式望远镜"。1970 年美国的一家公司首先大量生产了施密特－卡塞格林式望远镜，在大量生产下，价格非常便宜，因此它成为眼视观测者最爱用的望远镜。

施密特－卡塞格林式的主要好处是它的光路经过折叠之后使镜筒可以缩成很短且矮胖，因而增加了可携带性，在观察行星和深空天体时的光学性能也都很好。

马克苏托夫式的视野比施密特－卡塞格林式的狭窄，一般也比较重；但是较小的次镜使它的解析力比施密特－卡塞格林式好。

望远镜口径越磨制越大，但是随着口径的增大，制作起来也越来越困难，近年来随着计算机在望远镜上的应用，1979 年人们又产生了多面镜组合成反射望远镜的新思路。目前，第一架组合式望远镜，它是由 6 台口径为 1.8 米的卡塞格林式望远镜组合成的，它们由计算机控制镜面姿态，组合成光力相当于单面主镜口径为 4.5 米的反射望远镜。这架新一代望远镜安装在美国麻省威廉斯敦麦迪逊霍普金斯天文台。

1943 年，俄罗斯的马克苏托夫也发明了另一种折反射式望远镜。他用一片两面同曲率并同向主镜方向内凹的透镜作为修正镜，光线穿过修正透镜后产生曲折，然后经反射镜反射聚焦，再经第二反射镜（副镜）反射回主镜中央开孔处聚焦成像，所以称为"马克苏托夫－卡赛格林式望远镜"。

大部分的马克苏托夫－卡赛格林系统的副镜，都是直接在修正透镜后方中央部分镀上铝成为曲率同修正镜的副镜。如果改变上述副镜曲率，就称为 RUMAK 型，把副镜独立出来制作并向主镜靠近的就是 SIMAK 型，像差程度也照这顺序减少，性能也就越来越好。

◗ 现代大型光学望远镜

望远镜的集光能力随着口径的增大而增强，望远镜的集光能力越强，就能够看到更暗更远的天体，这其实就是能够看到了更早期的宇宙。天体物理的发展需要更大口径的望远镜。

但是，随着望远镜口径的增大，一系列的技术问题接踵而来。海尔望远镜的镜头自重达 14.5 吨，可动部分的重量为 530 吨，而 6 米镜更是重达 800 吨。望远镜的自重引起的镜头变形相当可观，温度的不均匀使镜面产生畸变也影响了成像质量。从制造方面看，传统方法制造望远镜的费用几乎与口径的平方或立方成正比，所以制造更大口径的望远镜必须另辟新径。

自 20 世纪 70 年代以来，在望远镜的制造方面发展了许多新技术，涉及光学、力学、计算机、自动控制、精密机械等领域。这些技术使望远镜的制造突破了镜面口径的局限，并且降低了造价和简化了望远镜结构。特别是主动光学技术的出现和应用，使望远镜的设计思想有了一个飞跃。

较有代表性的大型光学望远镜有凯克望远镜、欧洲南方天文台甚大望远镜、双子望远镜等。下面对几个有代表性的大型望远镜分别作一些介绍：

基本小知识

欧洲南方天文台

欧洲南方天文台由比利时、瑞典、法国、德国、荷兰、丹麦、意大利和瑞士 8 国于 1962 年合建，现在由 13 个欧洲国家组成。总部设在德国慕尼黑附近的加欣。主要观测设施建在位于智利圣地亚哥北 600 千米处的拉西亚山上，设有 15 米亚毫米波射电望远镜、3.6 米反射望远镜、3.5 米新技术光学望远镜、1.52 米摄谱望远镜等。

凯克望远镜 1 号和 2 号分别在 1991 年和 1996 年建成，这是当前世界上已投入工作的最大口径的光学望远镜，因其经费主要由企业家凯克捐赠而命名。这两台完全相同的望远镜都放置在夏威夷的莫纳克亚，将它们放在一起是为了做干涉观测。

它们的口径都是 10 米，由 36 块六角镜面拼接组成，每块镜面口径均为 1.8 米，而厚度仅为 10 厘米，通过主动光学支撑系统，使镜面保持极高的精度。焦面设备有 3 个：近红外照相机、高分辨率 CCD 探测器和高色散光谱仪。

像凯克这样的大望远镜，可以让人们沿着时间的长河，探寻宇宙的起源，凯克望远镜更是可以让我们看到宇宙最初诞生的时刻。

欧洲南方天文台自 1986 年开始研制由 4 台 8 米口径望远镜组成一台等效

口径为 16 米的光学望远镜。这 4 台 8 米望远镜排列在一条直线上，它们均为 RC 光学系统，焦比是 F/2，采用地平装置，主镜采用主动光学系统支撑，指向精度为 1″，跟踪精度为 0.05″，镜筒重量为 100 吨，叉臂重量不到 120 吨。这 4 台望远镜可以组成一个干涉阵，做两两干涉观测，也可以单独使用每一台望远镜。

双子望远镜是以美国为主的一项国际设备（其中，美国占 50%，英国占 25%，加拿大占 15%，智利占 5%，阿根廷占 2.5%，巴西占 2.5%），由美国大学天文联盟（AURA）负责实施。它由 2 个 8 米望远镜组成，一个放在北半球，一个放在

凯克望远镜

南半球，以进行全天系统观测。其主镜采用主动光学控制，副镜作倾斜镜快速改正，还将通过自适应光学系统使红外区接近衍射极限。

该工程于 1993 年 9 月开始启动，第一台在 1998 年 7 月在夏威夷开光，第二台于 2000 年 9 月在智利赛拉帕琼台址开光，整个系统在 2001 年验收后正式投入使用。

昴星团（日本）8 米望远镜是一台 8 米口径的光学/红外望远镜。它有三个特点：①镜面薄，通过主动光学和自适应光学获得较高的成像质量；②可实现 0.1″ 的高精度跟踪；③采用圆柱形观测室，自动控制通风和空气过滤器，使热湍流的排除达到最佳条件。

大天区多目标光纤光谱望远镜是中国正在兴建的一架有效通光口径为 4 米、焦距为 20 米的中星仪式的反射施密特望远镜。它的技术特色是：①把主动光学技术应用在反射施密特系统，在跟踪天体运动中做实时球差改正，实现大口径和大视场兼备的功能；②球面主镜和反射镜均采用拼接技术；③多目标光纤（可达 4000 根，一般望远镜只有 600 根）的光谱技术将是一个重要突破。

◆ 射电望远镜

　　1931 年，在美国新泽西州的贝尔实验室里，负责专门搜索和鉴别电话干扰信号的美国人杨斯基发现：有一种每隔 23 小时 56 分 04 秒出现最大值的无线电干扰。经过仔细分析，他在 1932 年发表的文章中断言：这是来自银河系中的射电辐射。由此，杨斯基开创了用射电波研究天体的新纪元。当时他使用的是长 30.5 米，高 3.66 米的旋转天线阵，在 14.6 米波长取得了 30° 宽的"扇形"方向束。此后，射电望远镜的历史便是不断提高分辨率和灵敏度的历史。

知识小链接

贝尔实验室

　　贝尔实验室是晶体管、激光器、太阳能电池、发光二极管、数字交换机、通信卫星、电子数字计算机、蜂窝移动通信设备、长途电视传送、仿真语言、有声电影、立体声录音，以及通信网等许多重大发明的诞生地。自 1925 年以来，贝尔实验室共获得 25 000 多项专利，现在，平均每个工作日获得 3 项多专利。

　　自从杨斯基宣布接收到银河系的射电信号后，美国人 G. 雷伯潜心试制射电望远镜，终于在 1937 年制造成功。这是一架在第二次世界大战以前全世界独一无二的抛物面型射电望远镜。它的抛物面天线直径为 9.45 米，在 1.87 米波长取得了 12° 的"铅笔形"方向束，并测到了太阳以及其他一些天体发出的无线电波。因此，雷伯被称为是抛物面型射电望远镜的首创者。

　　1946 年，英国曼彻斯特大学开始建造直径 66.5 米的固定抛物面射电望远镜，1955 年建成当时世界上最大的 76 米直径的可转抛物面射电望远镜。与此同时，澳、美、苏、法、荷等国也竞相建造大小不同和形式各异的早期射电望远镜。除了一些直径在 10 米以下、主要用于观测太阳的设备外，还出现了一些直径 20 ~ 30 米的抛物面望远镜，发展了早期的射电干涉仪和综合孔径射电望远镜。

　　20 世纪 60 年代以来，相继建成的有美国国立射电天文台的 42.7 米、加拿大的 45.8 米、澳大利亚的 64 米全可转抛物面，美国的直径 305 米固定球面，工作于厘米和分米波段的射电望远镜（见固定球面射电望远镜）以及一批直径 10 米左右的毫米波射电望远镜。因为可转抛物面天线造价昂贵，固定或半固定孔径形状（包括抛物面、球面、抛物柱面、抛物面截带）的天线的技术得到发展，从而建成了更多的干涉仪和十字阵。

射电天文技术最初的起步和发展得益于第二次世界大战后大批退役雷达的"军转民用"。射电望远镜和雷达的工作方式不同，雷达是先发射无线电波再接收物体反射的回波，射电望远镜只是被动地接收天体发射的无线电波。

射电望远镜

20 世纪 50～60 年代，随着射电技术的发展和提高，人们研究成功了射电干涉仪、甚长基线干涉仪。综合孔径望远镜等新型的射电望远镜射电干涉技术使人们能更有效地从噪音中提取有用的信号；甚长基线干涉仪通常是相距上千千米的。几台射电望远镜做干涉仪方式的观测，极大地提高了分辨率。

20 世纪 60 年代末至 70 年代初，不仅建成了一批技术上成熟、有很高灵敏度和分辨率的综合孔径射电望远镜，还发明了有极高分辨率的甚长基线干涉仪这种所谓现代射电望远镜。另一方面还在计算技术基础上改进了经典射电望远镜天线的设计，建成直径 100 米的大型精密可跟踪抛物面射电望远镜。

20 世纪 80 年代以来，欧洲的 VLBI 网、美国的 VLBA 阵、日本的空间 VLBI 相继投入使用，这是新一代射电望远镜的代表，它们的灵敏度、分辨率和观测波段上都大大超过了以往的望远镜。其中，美国的超常基线阵列（VLBA）由 10 个抛物天线组成，横跨从夏威夷到圣科洛伊克斯 8000 千米的距离，其精度是哈勃太空望远镜的 500 倍，是人眼的 60 万倍。它所达到的分辨率相当于让一个人站在纽约看洛杉矶的报纸。

今天射电的分辨率高于其他波段几千倍，能更清晰地揭示射电天体的内核；综合孔径技术的研制成功使射电望远镜具备了方便的成像能力，综合孔径射电望远镜相当于工作在射电波段的照相机。

你知道吗

全球最大射电望远镜将在中国诞生

中国正在贵州省建设全球最大的射电望远镜，这是我国 2007 年批准立项的 500 米口径球面射电望远镜（FAST）项目，项目总投资 6.27 亿元，建设期 5 年半，预计 2014 年开光。FAST 建成后，不仅将成为世界第一大单口径天文望远镜，并将在未来 20 年至 30 年内保持世界领先地位。

射电望远镜与光学望远镜不同，它既没有高高竖起的望远镜镜筒，也没有物镜、目镜，它由天线和接收系统两大部分组成。

巨大的天线是射电望远镜最显著的标志，它的种类很多，有抛物面天线、球面天线、半波偶极子天线、螺旋天线等。最常用的是抛物面天线。天线对射电望远镜来说，就好比是它的眼睛，它的作用相当于光学望远镜中的物镜。它要把微弱的宇宙无线电信号收集起来，然后通过一根特制的管子（波导）把收集到的信号传送到接收机中去放大。接收系统的工作原理和普通收音机差不多，但它具有极高的灵敏度和稳定性。接收系统将信号放大，从噪音中分离出有用的信号，并传给后端的计算机记录下来。记录的结果为许多弯曲的曲线，天文学家分析这些曲线，得到天体送来的各种宇宙信息。

把造价和效能结合起来考虑，今后直径 100 米那样的大射电望远镜大概只能有少量增加，而单个中等孔径厘米波射电望远镜的用途越来越少。主要是单抛物面天线将更普遍地并入或扩大为甚长基线、连线干涉仪和综合孔径系统工作中。随着设计、工艺和校准技术的改进，将会有更多、更精密的毫米波望远镜出现。

神奇的哈勃太空望远镜

现在，人们观测日食和月食已经非常容易了。各种各样的望远镜和人造卫星，为科学家和天文爱好者观测日食和月食带来了极大的方便。

在茫茫天际，众多的人造卫星中，"哈勃太空望远镜"是最耀眼的一颗，这是为纪念美国杰出天文学家哈勃而命名的地球轨道天文台。它使人类真正摆脱了大气圈的束缚，将地面天文台搬到了宇宙"旷野"之中。人类这才可以毫无遮挡、随心所欲地"放眼世界"。

"哈勃"被誉为"太空千里眼"，其实这种说法不是很确切。光每秒走30万千米，人们将光走1年的距离（光年）作为计量天体距离的单位。而"哈勃"的"眼力"则能达到140亿光年外的天际，因此，俗话所称的"千里眼"就不是褒词，反成贬词了。

"哈勃"在地球上空530千米处绕行。全长13米，由40万个部件组成，重约11吨，总造价达30亿美元。它凝聚了1万名科技人员近20年的辛勤劳动。主体望远镜直径为2.4米，此外还配有高速光度计、高分辨摄谱仪、模糊天体摄影机等构件。

基本小知识

哈 勃

爱德温·哈勃（1889～1953），美国天文学家。是研究现代宇宙理论最著名的人物之一，是河外天文学的奠基人。他发现了银河系外星系存在及宇宙不断膨胀，是银河外天文学的奠基人和提供宇宙膨胀实例证据的第一人。

它是迄今世界上最清晰的天文望远镜，比地面最佳望远镜的精度高10倍；除了可见光和无线电波外，还可接收来自四面八方任何波长的电磁波信息；而且还可通过长时间曝光的方法发现极其遥远的模糊天体。显然，这是航天技术和天文学相结合的一项重大成就。

"哈勃"自1990年4月升空，至今已有20多年"工龄"了。由于它是科学家探索并揭示宇宙奥妙极为重要的工具，因此必须十分精密、高效。如果"天眼"上任何部件稍有偏差或"病痛"，就会立即影响观察的精度和效果。这些年来，人们对它真是"谨小慎微"，悉心呵护，前后已进行过3次"大修"。

"哈勃"刚进入太空不久，就患上"球面像差"近视眼的毛病，其实只有1/25头发丝那样的误差，就导致对深空的物体不能正常聚焦，测距只能限于40亿光年以内。

哈勃望远镜

1993 年 10 月，宇航员们搭乘航天飞机到"哈勃"，在太空中为其装上一套"校球差光学仪"，纠正了原来的成像畸变，使测距范围立即提高到 140 亿光年。

1997 年 2 月，对哈勃太空望远镜再次进行维修。2 组宇航员进行了 5 次太空行走，修复了望远镜上的摄谱仪和红外照相机，使得它们的性能明显改善，能透过太空尘埃观察黑洞。

此次，还将"哈勃"送上了比原来高出 15 千米的太空轨道。

"哈勃"共安装了 6 个陀螺仪传感器，用于瞄准和保持运行稳定，其中，至少要有 3 个陀螺仪正常运转才能维持望远镜的观察活动。但自 1997 年以来，相继有 3 个陀螺仪腐蚀生锈，1999 年，第四个又开始发生故障。同年 11 月，由于陀螺仪工作不正常，导向越来越不准确，"哈勃"的电脑中枢立即指令望远镜停止了观察活动。12 月，7 名欧美宇航员搭乘"发现号"航天飞机，为"哈勃"送去和安装了 6 个新陀螺仪、新的数据记录仪、无线电发报机和新型电脑。"哈勃"由此变得焕然一新。此后，它发回了极其清晰、"价值连城"的天文图像，科学家们为此欣喜若狂。

"哈勃"在太空中"看"到了许多前所未见的景象，改变或纠正了人们在地表观察中建立的种种旧观念。它使人类首次看到宇宙大爆炸初期的奇异景观，也使人们详尽了解了恒星的孕育、诞生、演化和灭亡的全过程，亲眼"目睹"了 1994 年 SL-9 彗星撞击木星的"太空之吻"，利用最古老的白矮星计算了宇宙的年龄，并用多种"天文指数"证实了黑洞的存在。现在它又在执行探寻宇宙生命的"起源计划"……

有了这样的"天眼"，人类才有可能欣赏到如此美妙的宇宙苍穹，人类对宇宙的认识也因此走上了一个新台阶。尽管"哈勃"巡空 20 余载，渐显"老态"，行将"告老引退"，人们已计划在 2011 年发射新的"韦伯太空望远镜"来接替，但哈勃望远镜早已成为人们心目中无法磨灭的历史丰碑。如果要夸奖"哈勃"的功勋，怎么说都不会过分。

壮观的天象——观测日食、月食

　　日食、月食的天象奇观，自古以来就吸引着全人类的目光。中国观测日食历史悠久，最早是《尚书》记载的发生在公元前1948年的一次日食。中国有世界上最早、最完整、最丰富的日食记录，为世人留下了珍贵的科学文化遗产。公元前2283年美索不达米亚的月食记录是世界最早的月食记录，其次是中国公元前1136年的月食记录。

　　观测日食之所以重要，除了它的奇特与壮观外，更主要的原因是它的天文观测价值巨大。科学史上有许多重大的天文学和物理学发现是利用日全食的机会做出的，最著名的例子是1919年的一次日全食，证实了爱因斯坦广义相对论的正确性。同样观测月食也有着重大的意义。公元前4世纪，亚里士多德从月食时看到的地球影子是圆的，从而推断地球是球形的。公元前2世纪的伊巴谷提出在相距遥远的两个地方同时观测月食，来测量地理经度。2世纪，托勒密利用古代月食记录来研究月球运动，这种方法一直延用到今天。在火箭和人造地球卫星出现之前，科学家一直通过观测月食来探索地球的大气结构。

🔍 肉眼观测日食的方法

日食是一种罕见的自然现象，特别是日全食更是自然界的壮丽奇观。在日食的短暂时间里，科学家使用各种各样的天文望远镜和射电望远镜观测日食，对它进行拍照和记录，分析它的光谱和射电强度变化曲线。

观测日食的人们

每当发生日食，许多人都对这一天文现象感到极大的好奇，希望能仔细细地看看它是如何开始、如何发展变化直至最后结束的。在观察日食时必须注意，不能用眼睛直接对着太阳观看。几十年前，德国有几十个人因直接用眼睛看日食而双目失明。

日食眼镜

日食眼镜亦称日全食眼镜、日食观测镜、太阳观赏镜等。其核心部分为镜片，必须采用专业的减光片或减光膜。减光片有镀金属膜、聚碳酸酯、聚酯纤维软片等材料。比较安全的日全食观测镜是采用金属镀膜的技术和工艺生产的，消费者判断日食观测镜是否为金属膜的简单方法是观察镜片双面颜色是否均为银白色。

直接用眼睛看日食为什么会伤害眼睛，甚至使人双目失明呢?

大家都有这样的体会，用眼睛直接看太阳，即使只看短短的一刹那，眼睛就会受到很大的刺激，好久好久眼前一片昏暗，很难恢复过来。这是因为眼睛里有一个水晶体，它能起到聚光镜的作用，眼睛对太阳看，太阳光中的热量被它聚集在眼底的视网膜上，就会觉得刺眼。如果看的时间长一些，视网膜就会被烧伤而失去视力。

发生日食时，大部分时间都是偏食，月亮只挡住了一部分太阳，剩下的部分仍然和平常一样发出光和热，所以直接用眼睛看的时间长了，同样会烧伤眼睛的。

那么，是不是说我们不可用肉眼观测日食了呢？日食用肉眼就完全可以欣赏。在非全食时，我们的观测方法和平时观测太阳完全一样。由于太阳光太强，我们必须通过某种减光装置将太阳光大大减弱后再进行观测——比如墨镜就是这样一种减光装置，不过减光的幅度不够。

专门的天文器材商店会出售一种太阳滤光眼镜，用它就可以将太阳的强光绝大部分过滤掉。这时我们就能看到太阳圆圆的轮廓，以及被月亮遮挡的缺口。

如果当时日面上有大黑子，我们甚至直接用肉眼就能看到！如果你买不到这种太阳滤光眼镜，那么也没有关系，可以找一些替代品。比如，3.5英寸软盘的盘芯就是减光效果很好的塑料片，多找几片叠在一起就能达到专用太阳滤光片的效果。

太阳滤光眼镜

另外电焊工人戴的护目头盔，那上面玻璃的减光效果也非常好。实在不行，还可以向普通玻璃求助。我们只需要将木柴烧着之后用烟熏玻璃，将其熏到足够黑，也能用来观测太阳。类似的办法还有很多，希望大家自己多多开动脑筋！

另外还有一个思路。我们知道在水里可以看到太阳的倒影，这其实是太阳光被水面反射到了我们的眼中。这样的反射是不可能把所有太阳光都反射的，必然会有一部分因为吸收或者散射而损失掉，因此水里的太阳就没有那么亮了。这样，我们大可以在空地放上一盆水，在水中欣赏日食过程。

当然，如果是普通的清水，那么太阳光还是减弱得不够，我们还需要往水里倒入一些墨汁，待其扩散均匀，水中太阳的亮度就会大大降低。因为黑色能有效吸收掉大量的太阳光，再反射到我们眼中的阳光就非常弱了。

全食开始前的日偏食阶段，大约持续1个小时，这是你宝贵的准备时间。当然如果你已确保仪器正常，准备都已就绪，那就可以适当放松一下，来玩玩小孔成像的游戏。

小孔成像，是光直线传播原理的实验验证，用一个带有小孔的板遮挡在屏幕与物之间，屏幕上就会形成物的倒像。日偏食发生过程中，太阳的一部分被月球挡住，通过小孔，在后端我们设计好的"屏幕"上所成的像，就是"月牙"状的太阳了。

当然，多些小孔，也就会有很多"月牙"同时出现。

拓展思考

最早做小孔成像实验的是墨子

大约两千四五百年以前，我国的学者——墨翟（墨子）和他的学生，做了世界上第一个小孔成倒像的实验，解释了小孔成倒像的原因，指出了光沿直线进行的性质。这是对光直线传播的第一次科学解释。

▶ 天文望远镜目视观测法

如果用天文望远镜进行目视观测，那么也有两种办法。一种和上面的直接目视观测类似，在望远镜前端加上专用的太阳滤光膜，将绝大部分的阳光滤掉后，就能在目镜上用肉眼直接观测放大许多倍之后的太阳像了。

注意，这里的滤光膜必须安装在物镜的前端（就是镜筒处）而不能在目镜的前端，并且一定要用专用的滤光膜，不得用其他材料代替（比如把几张软盘芯粘在一起之类的），以防危险。要牢记，一旦前面的滤光装置出现问题，那么强烈的太阳光会对你的眼睛造成永久的伤害甚至失明，这点绝对不是耸人听闻的。

一般成套出售的天文望远镜都会配备有一片太阳滤光镜，用它加在望远镜前端就能观测太阳。不过这样的滤光镜效果往往比较差，其实我们还有更好的产品可以选择。

一般情况下，业余观测界用得最多的是巴德太阳滤光膜，简称"巴德膜"，滤光效果非常好。巴德膜常见型号又分为两种：①密度 5.0 的滤光程度较强，适合目视直接观测；②密度 3.8 的滤光程度适中，适合照相或者摄影观测。具体方法我们后面会谈到。

巴德膜就是一张薄膜，那么如何才能连接到我们的望远镜上呢？这就需要我们自己动手了。最简单的办法是根据我们望远镜镜筒的大小，剪两张正方形的硬纸板，要求能将镜筒彻底挡住并且还要多出一点点，然后在这两张纸板中央掏一个大洞，再把巴德膜剪成刚好能将大洞挡住还能多出一点点的正方形，然后把巴德膜夹在两张纸板中间，再将它

巴德太阳滤光膜

们粘在一起，一张自制滤光片就做成了。

观测时，要小心地用胶带将滤光片粘在镜筒上，注意千万不能漏出任何缝隙，并且一定要粘牢靠，确保不会因为刮风或者意外碰撞而使滤光片和镜筒之间露出缝隙。这时我们哪怕是多用一些胶带也要保证安全。如果你嫌这样粘滤光片太麻烦，那么也可以用硬泡沫来做。将泡沫按照镜筒的轮廓挖出一个深槽，但不要挖透，这样就能将泡沫很容易地套在镜筒上。

之后在泡沫的底部挖一个大洞，再用巴德膜在里侧将大洞覆盖住即可。要注意的是深槽内部要尽可能打磨平整，否则粘上去的巴德膜会凹凸不平，影响观测效果。

如果实在没有滤光片，那么还可以使用投影法进行观测。首先，我们将望远镜大概对准太阳方向，然后，将一只手掌摊开放在目镜后面，离开目镜一个较短的距离，然后慢慢凭感觉寻找太阳的位置。

当你找到太阳时，太阳的强光会通过目镜在你摊开的手掌上形成一个亮斑。这时锁定望远镜，调整望远镜的焦距，你会发现在某个位置上手上的亮斑会变得非常清晰——这就是太阳的像。这时，你就可以把手拿开，在那里放上一张白纸，让大家一起来欣赏日食。

通过调整这张纸到目镜的距离，你还可以调整太阳像的大小，不过调整之后焦距也要进行相应的变化。

日全食阶段的观测办法

　　说了这么多，都是针对非全食阶段的太阳的。到了日全食的时候，由于日面被月亮完全挡住，日轮边缘的色球层和日冕层的光线相对于光球层来说要暗得多，因此这时观测就不要用滤光装置了，不管是裸眼直接观测还是通过望远镜目视观测，都可以把滤光片摘掉，尽情地直接看！

　　全食阶段最好不用望远镜而用裸眼直接观测，这样才能最大限度欣赏日全食时的壮观景象——天空突然黑了下去，头顶太阳所在的地方是一个大黑窟窿，周围有光芒四射的日冕，天空中可能还有几颗亮星。

　　而在地平线附近，天空却呈现暗红色，仿佛傍晚提前到来了。当然，这时如果用望远镜观测，我们则可以清晰地看到日轮边缘粉红色的色球层，可能还有几朵向外伸展出去的日珥。而日冕层由于范围比日轮大得多，且没有太多肉眼可见的细节，因此用望远镜欣赏起来效果并不会比裸眼好。

　　另外，在食既和生光时有可能会出现贝利珠，目视观测的话几乎只能直接用裸眼看，因为如果想用望远镜观测，以食既时为例，由于我们不知道太阳在望远镜中的亮度什么时候才能被肉眼安全接受，因此把握不好摘掉滤光膜的时间。

　　摘早了会伤到眼睛，而要是摘晚了就失去意义了。放心吧，贝利珠直接用裸眼看已经非常壮观了！

日食的相机照相观测法

　　日食照相和摄像的基本方法，只需要把普通天文摄影和摄像的基本方法，和前文所述的目视观测太阳的基本方法结合起来就可以了。

　　在这里先谈谈天文摄影的基本方法。由于数码摄影时代已经到来，因此我们下文所述，如无特别说明，均以数码器材为准。

　　天文摄影最简单的方法——用相机直接拍摄。对于太阳而言，许多照相机的长焦端都足以拍到较大的像了，那么在非全食阶段，我们只需要将滤光片罩在相机镜头前就可以轻松拍摄。

如果你使用墨水盆法或者望远镜投影法观测日食，那么直接把你看到的拍下来即可。至于全食阶段，直接用相机对着太阳拍就行了。

用相机直接拍摄还可以实现许多创意摄影。最经典的是拍摄日全食的糖葫芦串像。

2005 年 10 月 3 日西班牙马德里上空发生了日环食。当时就有人利用这种方法拍摄了相片。

照片上的太阳从左往右表现出了这次日食的全过程。你知道这张照片是怎么拍出来的吗？原来，这是通过可以多次曝光的相机实现的。能实现多次曝光的照相机一般是胶片单反，也有一些中高端的数码单反相机有此功能，在这里我们以胶片单反为例。

日全食的糖葫芦串像

多次曝光就是拍完一张照片后，先不过卷，还用同一张底片，进行再次曝光，这样可以获得一些特殊的拍摄效果。

具体到这张日食照片，摄影师首先选好拍摄地，然后提前在该地踩点，实地看在日食开始和结束时太阳的大体位置，确定如何取景。

由于太阳有东升西落的周日视运动，而日全食和日环食全过程持续时间都比较长，因此日食开始和结束时太阳的位置差异会很大，取景时就要保证日食开始时太阳位于画面左侧，日食结束时太阳位于画面右侧，并且日食全程都能在画面上，且尽量不要被建筑物遮挡。

等到日食当天，摄影师就按照踩点时确定的方式取景。在日食开始时，在相机前方加上滤光片，拍摄第一张太阳像。然后不过卷，过一段时间（比如 10 分钟），在同一张底片上重复曝光再拍摄一张太阳像，如此持续。

由于使用了滤光镜，而地面景物的亮度和太阳相比太暗了，因此根本拍不下来。到了全食或者环食发生时，我们摘掉滤光镜，直接拍摄太阳，这时才能同时拍下地面景物。接下来的复圆过程，我们又使用滤光镜，一张张拍，直到最后。

这样，最终我们就在一张底片上拍下了日食全过程的一串像。

那么用普通数码相机能不能拍摄这样的串像呢？不能直接拍摄，但可以通过后期合成多张照片的方法实现。

◆ 日食的望远镜拍摄观测法

通过望远镜进行天文摄影的基本方法有两种——直接焦点法（简称直焦法）和放大摄影法（简称放大法）。

放大摄影法比较简单，直接用相机对着目镜里的像拍照即可。由于太阳像较亮，因此这种方法用于拍摄太阳是完全可行的。

我们只需要先目视将太阳的焦距调清晰，然后手持数码相机，将镜头贴住目镜，此时数码相机本身的光学变焦要放在最广角端。注意微调镜头的角度和方向，以确保镜头和目镜同轴（左手可以同时捏住相机镜头和望远镜的目镜以帮助它们同轴），这时你会看到数码相机的液晶屏中央出现一个圆形的亮斑，这是目镜的视场，周围黑暗的部分是光学系统的暗角。

然后我们用光学变焦将焦距略微拉长，让视场扩大，减少暗角。当日面均匀地出现在液晶屏上时，半按快门，相机一般会自动对焦（有时需要把对焦模式设置成微距模式才能实现自动对焦）。如果因为日面缺乏特征，或者有风导致成像抖动等，有可能导致对焦失败。

知识小链接

数码相机

数码相机，是一种利用电子传感器把光学影像转换成电子数据的照相机，是集光学、机械、电子一体化的产品。它集成了影像信息的转换、存储和传输等部件，具有数字化存取模式，与电脑交互处理和实时拍摄等特点。按用途分为：单反相机、卡片相机、长焦相机和家用相机等。

这时，我们就只能使用相机的手动对焦功能（如果你的相机不具备此功能就没有办法了）。至于其他的拍摄参数，白平衡建议设置成"日光"，曝光参数可以尝试用相机的自动挡（一定要关闭闪光灯），如果不满足要求，再用M挡手动设置。

如果望远镜没有电动跟踪装置，那么曝光时间必须短才能保证太阳在照片上不拖线（比如短于1/250秒）。但太阳的总亮度又是有限的，因此这时就只能使用较低的放大率（但放大率太低会损失很多细节），或者设置较高的ISO（即感光度，但感光度越高画面噪点越多），如何在这些参数中寻求一个平衡要根据当时的太阳亮度、你手里的器材情况和你对画面的要求来灵活掌握。

直焦法相对来说麻烦一些。要用这种方法必须使用数码单反相机，这种相机的镜头可以拆卸，将其拆掉后，再把望远镜的目镜拿掉，然后将数码单反的机身和望远镜的主镜通过转接环接到一起，这就相当于用望远镜直接当作相机的镜头。

这种方法的好处是经过的光学系统最少最简单，因此能保证质量最好的成像——虽然这样的成像没有放大法来得大。直焦法最关键的装置就是连接相机和望远镜的接环，这种接环在天文器材专营店能够买到。

不过要注意你的相机是什么品牌的，不同品牌的数码单反其接口型号是不一样的；还要注意望远镜目镜端的接口是多大的，一般而言目前常见的目镜端接口的大小是1.25英寸的，也有一些好点的望远镜使用2英寸的大接口，而比较老型号的小望远镜其接口可能是1英寸的。

当你将相机连接到望远镜后面后，你要做的就是把相机的取景器当作目镜，找到太阳并用望远镜的调焦装置将其调节清晰，然后将相机的曝光模式拨到M挡，手动设置感光度和快门的数值。

由于太阳很亮，因此感光度一般设置到最低就可以，快门速度则可以通过实拍和回放找出最合适的数值。如果有条件，最好使用快门线或者遥控器进行拍摄，因为手按快门可能会引起震动造成画面模糊。

日食照相观测法的注意事项

有一点需要特别注意，就是在拍摄日全食时，由于全食阶段一般只有宝贵的几分钟，许多人在那个时候如果有观测任务在身的话会高度紧张甚至手忙脚乱，可能会犯一些低级错误导致观测成果不理想。因此，我们还需要做好以下几点：

第一，提前进行周密的规划。比如我用什么相机，用什么望远镜，用什么拍摄方式，要拍到什么效果，拍到的照片后期除了欣赏外还会不会有别的应用，等等。

而对于一些创意摄影就更需要特别的考虑，比如刚才提到的拍糖葫芦串像，就要先选好地点。而如果要保证像与像之间的间隔大体均匀，就还要计算日食过程的时间，将其平均分成 N 份，算出每份是多少时间，实拍时就按照这个时间间隔来拍。

第二，提前进行实际演练。如果有条件，提前几天来到实际观测地，在日食发生的同样时间将观测流程从头到尾走一遍，包括组装望远镜、找太阳、连接相机、拍照、摘掉滤光片拍照（此时不可对着太阳）、再盖上滤光片拍照、换存储卡、换电池……这样往往能发现一些意想不到的小问题，比如这套器材指向某些位置时会卡住。

如果没条件到观测现场也没关系，在任何一个地方演练都可以，只要找好时间让当时太阳高度和日食时差不多即可。

第三，实际观测时，在全

拓展思考

拍照时如何突出"黄花"

如果你想用相机拍一朵黄花，背景是蓝天、绿叶，如果按照平常拍，就不能突出"黄花"这个主题，因为黄花的形象不够突出。但是，如果在镜头前放一个黄色滤光片，阻挡一部分绿叶发出的绿光、蓝天发出的蓝光，而让黄花发出的黄光大量通过，这样，黄花就显得十分明显了，突出了"黄花"这个主题。

食或者环食阶段找一个人专门负责报时。因为这个阶段持续时间本来就很短，而人在这个时候紧张又忙碌，往往感觉不到时间的流逝，在不知不觉中全食或环食就结束了。如有人专门报时，其他观测者才能对时间做到心中有数，才能更好地安排自己的观测。

在这里还要再次强调，在面对最壮观的日全食时，全食阶段一定不要忘记摘掉滤光片。可能你会觉得这样的错误很可笑，但实际情况是：当全食阶段即将到来时，你的心情可能会越来越紧张，生怕错过那些精彩的镜头，于是只顾一通狂拍，等到发现什么都没拍下来而意识到忘了摘滤光片时就已经晚了。

还要强调一句：如果你从未见过日全食，那么一定要给自己准备充足的时间用于目视直接欣赏这个也许是地球上最壮观的天象。

📷 日食的摄像观测法

和照相机类似，直接用摄像机加滤光片拍摄日食过程是非常好的观测手段。一般而言，摄像机的长焦端比普通相机的长焦端还要长，因此能拍摄到更大的太阳像，足以满足一般观测需要。

我们只需要在镜头前罩上滤光片，找到太阳，将光学变焦的倍数放到最大，然后开始拍摄就可以了，摄像机一般都能比较正确地自动对焦和设置曝光参数。实在不行，就改为手动挡（如果有的话）来手动设置曝光参数，并手动对焦到无穷远。

当然，全程手持拍摄几个小时也太累了，因此一定要准备一个三脚架。由于视频的拍摄是连续的，因此我们只需要开始拍摄，然后就可以不怎么管它了，只需要过一段时间调整一下摄像机的方位以保持太阳在画面中，并注意如果带子或者电池快完了要及时更换。当然，最好给摄像机接上外接电源，否则就还需要准备足够的备用电池。

如果想借助望远镜拍摄日食过程的视频，也是很简单的一件事。由于家用摄像机的镜头一般都是不可拆卸的，因此我们只能用类似照相观测时的放大法来拍摄，具体方法请参考前面的"照相观测"的内容。

而且由于视频拍摄的是连续画面，因此对于很多方面的要求（比如摄像机镜头和目镜的同轴程度）还没有照相观测那么高。

摄像观测还有一个好处，就是摄像机会忠实记录现场的每一个声音，这些声音也是非常宝贵的资料。如果有什么特别的发现或者信息，你可以大声说出来让其记录到 DV 里，后期再来仔细研究。

另外你还可以给这次观测配上现场解说，加上周围的环境声音，便于今后自己回顾，或者让其他人分享这次日食带给大家的激情。

有的观测者甚至特意使用一台 DV 专门拍摄全食时周围的环境和世界不同民族的人们的不同表现，非常有趣！

◤ 日食的科学研究与观测

除了感受壮观和震撼以外，对于日食的观测也是有非常重大的科学意义的，尤其是对日全食的观测。

太阳的灿烂光辉，使它周围的天空变得非常明亮，以至于掩没了其他所有的天体。在这种背景下，对太阳自身以及它周围的空间进行观测和分析，显然都是非常困难的。日全食发生时则使人们有机会比较容易地进行这类工作。

开普勒

首先，日全食时，平时难得一见的太阳色球层和日冕层直接展现在了我们面前，给天文学家提供了绝佳的研究它们的机会。通过对它们的研究，天文学家可以获得许多有关太阳的宝贵资料，了解太阳大气的组成、温度、结构以及太阳的活动等情况。

比如，早在 1605 年，开普勒就发现日全食时在太阳周围会出现淡淡的光芒。而 1706年，巴黎天文台台长卡西尼就将这光芒称之为"冕"。可从那以后的 180 年里，人们都怀疑那光芒不是真实的太阳结构，而是由于阳光在太阳边缘散射，或者因为月球边缘大气受热不均（现在知道，月球根本没有大气），或者因为地球大气散射而引起的光学现象。

直到后来光谱观测技术的兴起：通过某种方法拍摄天体的光谱，再分析光谱中的谱线，可以知道光源的化学组成——因为每种化学元素都有固定的一些谱线。科学家们利用日全食的短暂时间拍摄日冕的光谱，分析其谱线特征。

通过多次日食的观测，终于证明日冕是太阳大气的真实组成部分。另外，当时人们还发现日冕光谱中有一种谜一般的无法认证的谱线，一开始以为是一种地球上没有的新元素，并将其命名为"氪"，后来发现原来那只不过是已知元素的原子在高温稀薄的特殊状态下发出的谱线。

再比如，1868 年，通过印度日全食对色球和日珥的观测，科学家们发现了一条很亮的黄色谱线，这谱线和地球上当时已知的任何元素都不同，并且无法在实验室再现，因此有的科学家认为这是一种只有太阳上才有的元素，并将其命名为"氦"，但很多科学家并不认同。直到 30 年之后，另一位科学家在从钇铀矿得到一种气体样品之后，才在实验室再现了这条谱线，至此"氦"作为一种新元素的地位才得以巩固，并且也证明太阳并不神秘，并没有什么特别的元素是地球上没有的。这个事件，我们将会在"日食、月食趣闻"一章中详细介绍。

以上两个事例说明，对日全食的科学观测可以极大地加深我们对于这个世界的认识，同时可以大力推动其他相关学科的发展。

再有，日食可以为研究太阳和地球的关系提供良好的机会。太阳和地球有着极为密切的关系。当太阳上发生强烈的活动时，它所发出的远紫外线、X 射线、微粒辐射等都会增强，能使地球的磁场、电离层发生扰动，

拓展阅读

氦的用途

氦是所有元素中最不活泼的元素，基本上不形成什么化合物。因为氦的原子核到电子层距离很小，并且达到了稳定结构。它的性质便决定了用途，氦的应用主要是作为保护气体、气冷式核反应堆的工作流体和超低温冷冻剂等等。

并产生一系列的地球物理效应，如磁暴、极光扰动、短波通讯中断等。

在日全食时，由于月亮逐渐遮掩日面上的各种辐射源，从而引起各种地球物理现象发生变化，因此在日全食时进行各种有关的地球物理效应的观测和研究具有一定的实际意义，并且已成为日全食观察研究中的重要内容之一。

观测和研究日全食，还有助于研究有关天文、物理方面的许多课题。利用日全食的机会，可以寻找近日星和水星轨道以内的行星；可以测定星光从太阳附近通过时的弯曲，从而检验广义相对论，研究引力的性质；可以研究黄道附近的行星际尘埃的性质；可以研究地球大气的光学、结构、化学性质；可以研究生物钟对生物的影响，等等。

日全食发生时，科学家通常在以下几个方面开展科学研究工作：

（1）对太阳色球和日冕的光学及射电观测，通过专业的观测设备测定色球和日冕的高分辨率光谱，以更好地了解色球和日冕的精细结构和化学成分，探索日冕加热机制等未解之谜。

（2）日全食时地球电离层的变化。

（3）日全食期间地球磁场及重力的变化。

◆ 业余爱好者如何研究日食

如果是一名天文爱好者，在观测日全食的时候，他又能做哪些工作呢？日全食是非常壮观的天象，通常情况下，一个人一生中能看到一次都是不容易的，因此，如果你是第一次观看日全食，那么你首要的任务应该是欣赏日全食的美景及它带给你的那种震撼。

初亏开始的期待、全食开始时的激动、食甚过去后的回味是平时很难体验到的心情；美丽的贝利珠、玫瑰色的色球、银白色的日冕以及全食阶段周围环境的变化等都是需要我们关注的、欣赏的美丽景色。

当然，如果你还能腾出时间，可以顺便拍摄一些日全食的照片，检验一下你的摄影水平，也为以后留作纪念。如果你是第二次或者第三次观看，而且在观测前已经设计了观测的项目，那么就按照前面我们介绍的观测方法来做。如果你想做些工作，又不知道该从哪儿着手，那我们可以给你一些建议，供你参考：

（1）观测地球磁场的变化情况。太阳对地球磁场有很大的影响，日全食发生时月球挡住了太阳，这时地球磁场应该会发生一些变化。

广角镜

观测日食牢记"两戴一摘"

即在偏食阶段戴上日食观测镜观看，让双眼适应黑暗；在月亮完全挡住太阳后的全食阶段摘下日食观测镜，用肉眼看，时长 4~5 分钟；全食结束后应立即再戴上日食观测镜观看。

（2）观察日冕形状的变化。日冕的形状和太阳活动有很大的关系，通过观测日冕的形状并和以前的观测结果比较，可以了解太阳的活动情况。

（3）搜寻太阳附近的天体，如彗星、水内行星等。这可能有点难度，也许会没有收获，但作为一个观测项目还是值得尝试的。

（4）观察动物的反应。每个动物都有自己的生物钟，选择几种有代表性的动物，观察日全食发生时它们的反应。

（5）影带的观测。在日面被全部遮住的先后几分钟，月牙状的日面会在地面产生一种明暗交替的影子，观察影带的宽度、移动速度等，并进行分析。

（6）按照前面我们给出的观测方法，选定拍摄目标，可以拍摄出日全食不同阶段的照片，也可以拍摄周围环境的变化情况，例如，日食过程的放大摄影、内外日冕摄影、日珥放大摄影、食甚时全天景观摄影、风景摄影等。

但不论拍摄什么，都需要提前做好充分的准备，多次演练，否则到时候手忙脚乱的，很难得到满意的结果。

（7）通过准确记录全食的时间，确定观测位置后可推算月球和太阳的距离。

以上列出的几个项目只是比较简单的容易操作的小课题，但是有助于业余天文爱好者对日全食的观测和理解，读者也可以根据自己的理解设计一些观测项目。总之，观测和研究日食，对于许多学科都有着重要的意义。

知识与笑声——日食、月食趣闻

　　日食和月食发生时留下了许多趣闻。日全食发生时，天地之间突然一片漆黑，不明真相的人会感到恐慌，以为有什么天灾降临了。这一点也会影响到动物的判断，它们以为黑夜来临了，赶紧"归巢"。在历史上，日食和月食决定战争或阻止战争的事例多次发生。例如公元前585年，米提斯与利比亚两族打仗，打到一半时，忽然间太阳消失不见了，两族族人以为太阳对他们的斗争发怒了，于是出现了美好的局面——两族讲和通婚。

日食对地球生物的影响

1987 年 9 月 23 日，我国发生过一次罕见的日环食天象，那是我国 20 世纪见到的最后一次日环食。

你知道吗

日全食发生时地球的重力会降低

日全食发生的前后，一个奇怪的现象吸引了国际诸多科学家和媒体的关注：地球上的重力仪数据突然降低。这种现象会发生，是由于在日食期间，月球处于地球与太阳之间，从而减弱太阳的引力场，而月球的引潮力开始起作用。

称"日环食"。

日食对环境和人体有哪些影响呢？人们还记得 1981 年 7 月 31 日中午那次日食，黑龙江省漠河的食分达 0.96。

据当时记者在现场观察到：当日食来临时，天空随之转暗，仿佛黄昏来临，10 分钟内气温迅速下降 8℃，天空中的鸟儿急速地飞入林中的草丛，地面上的公鸡啼鸣，母鸡领着鸡雏迅速归窝，蚊子也顿时活跃起来……

在我国古代的日食观测记载中，也有关于气温骤然下降，有时还伴有大风的记录。日食既然会影响环境，

这次日环食地带，从新疆边陲博乐市起，经乌鲁木齐、太原、上海延伸到太平洋，横贯我国中部长达 4000 多千米，宽度达 150 ~ 200 千米。

我们在前文中已经详细地向大家介绍了日环食的情况。其实，日环食是日食的一种。由于月亮离地球的距离较远，月球只能挡住日面中心大部分，在太阳边缘剩下一圈光环，故

蜜蜂在日食前返回蜂房

也必然会影响到生物。

据国外研究者观察发现，在日全食时，蚂蚁会静止不动；蜜蜂在日食前半小时就开始返回蜂房，不再外出，直到日食过后 1 小时才大量飞出；大头金蝇在日食环境中可发生形态变形；白天活动的飞禽，日食时活动减少，而夜间活动的鸟类却开始活跃；信鸽在日食时会失去定向能力……

自然环境的变化，必然会对人体产生相应的影响。日食环境对人体的影响与日食食分大小有关，日全食时影响最大。

1980 年 2 月 16 日的那次日全食，上海中医学院科研小组的同志前往全食地昆明，和当地医务人员一起，对 55 例心血管疾病患者进行了综合检查。结果表明，70% 以上的病人原有的主要症状加重，直到日食后两三天，病人的血压、脉搏、交感神经兴奋性才逐渐恢复到日食前的水平。

国内外许多观察记录表明，日食对环境及人体有一定的影响。这种影响主要是由于日食时月球遮住了太阳，使地球上的光线、温度、磁场、引力场、微粒辐射等物理因素发生短暂的突变引起的。

但是这种影响是局部的、十分微妙的，加上一个地方遇上日食的机会又较少，因此科研部门对这个问题的研究还不深入，掌握的资料也不够充足。日食为什么会对地球上的生物产生这些奇观的影响呢？要解开这个谜底，还有待于科学家们的深入研究。

◉➡ 日全食将离地球而去

在漫长的岁月中，地球的自转在渐渐变慢。使得地球变慢的主要因素是潮汐作用。潮汐的影响在今后将使地球和月球呈现出一些有趣的天文景象。

我们知道，月球的视半径略大于太阳的视半径是发生日全食的首要条件。虽然在一般情况下，太阳的平均视半径略大于月球的平均视半径。但是，由于地球的轨道和月球的轨道都是椭圆的，因此，目前当太阳位于远日点而月球位于近日点时，月球仍会全部遮住太阳而发生日全食。

潮汐使地球自转变慢，因而地球自转角动量逐渐减少。由于地球的总能量守恒，自转角动量的减少必定引起月地距离增大以达到平衡。

当月球从现在平均离地球 356 334 千米向外推延到 375 455 千米，即月球与地球距离比现在再远 23 121 千米时，日全食就不可能发生了。演变到这种状况约需 7.5 亿年，事实上所需时间可能会更长，因为当月球远离时，潮汐的作用减弱了，同时推移的速度也慢下来了。

据估计，要达到上述这段距离可能需近 10 亿年。这就是说，尽管在今后的每世纪里日全食的次数将逐渐减少，但要等日全食现象完全消失，则可能还要近 10 亿年的时间呢！

丧失日全食的观察机会，无疑对天文工作者及天文爱好者都是一个损失。值得庆幸的是，随着日全食次数的减少，日环食的出现机会在逐渐增多，这对人们来说，也算是一种补偿吧！

目前月球的自转与公转周期是同步的，因此，半个月球是永远向着地球的，另半个月球是永远背向地球的。将来，月地距离变大，月球旋转速度减小，周期变长。但地球的周期增长更快，当地球自转速度慢到与地球公转周期相同时，月球对地球的潮汐作用就停止，于是地球也以一面朝向月球。

如果那时在月球上观看地球，那只能看见半个地球。反过来，在地球上观看月球，也只能在朝向月球的那个半球上。背向月球的另一半球的居民，为了"赏月"，只能长途旅行到朝向月球的半球上。至于哪半个地球将朝着月球，现在是不能预料的。

不过，我们目前还不必担心哪一天月球会"不辞而别"。因为要去"旅行赏月"，至少是 50 亿年后的子孙后代考虑的事。或许那个时候，人类早已经迁居到其他星球上去了。

日食与短波通讯卫星导航

日食，尤其是日全食可以说是"百年不遇"的天文奇观。它不仅是人们欣赏"天狗吃太阳"这一神奇现象的难得机会，也给人们研究和认识太阳与地球的关系提供绝好契机。

但是，日食，尤其是日全食还会给人们的生活带来一些影响，其中影响较为明显的是短波通讯。万物生长靠太阳，由于太阳的普照，才有人们生活中熟悉的风雨雷电等天气现象，同样也正是由于太阳辐射，使得地球上空100千米到数千千米的大气层中产生了带电粒子，这些包含了带电粒子的地球大气层被称为"电离层"，是最接近人类生存环境、对人们影响最大的空间大气层。

广角镜

X 射线衍射仪

    X 射线衍射仪是利用衍射原理，精确测定物质的晶体结构、织构及应力，精确地进行物相分析、定性分析、定量分析的一种仪器。广泛应用于冶金、石油、化工、科研、航空航天、教学、材料生产等领域。

说到日食对电离层的影响，就不得不说一下电离层的形成。电离层是由于太阳辐射（主要为紫外、远紫外及太阳 X 射线辐射等）电离了大气的中性粒子（主要是氧气分子和氮气分子等），使得高层大气中出现了大量的自由电子和离子它们可以严重影响无线电波的传播，所以受到了人们的广泛关注。

    一次日全食过程可以简单地理解成一次快速的"日落"和"日出"过程，由于太阳辐射的突然消失，高层大气中电子和离子突然失去了源头，电离层不同高度的电子和离子就会出现不同程度的减小。

    在低电离层高度上，由于太阳辐射是电离层电子的最主要来源，日食期间太阳辐射的减小，会造成低电离层电子浓度的快速减小，其响应时间和日食时间对应较好；在稍高的电离层高度上，产生电子的来源主要是电离层中本身的输运和扩散等过程，日食的效果不如低电离层明显且响应时间滞后日食时间。

    总体来说，随着月亮的阴影扫过地球表面，对应地区上空的电离层会出现电子浓度减少的现象，就像日落后电离层电子浓度下降一样；伴随着日食的恢复，太阳辐射重新使得高层大气中出现了电子，就像日出后电离层电子浓度快速上升一样。

    在日全食过程中，由于太阳被月球遮挡导致地球电离层发生类似"快速日落日出"的变化，使得这段时间的中波和短波通信出现反常，有兴趣的人可以用可接收中波和短波的无线电收音机监测、记录日全食期间远处电台的信号变化。

    由于调频（FM）广播电台、手机、对讲机、无线上网等都使用超短波，因此日全食对这些广播通信业务不会产生影响。但对于利用电离层反射进行的短波通讯和通过电离层进行测绘、导航等用户来说，需要关注日食期间电离层变化导致的影响。

因此，专家们建议在日食发生前 1 小时至日食后 3 小时内，航空、航天、测绘、勘探等部门避免进行高精度作业，日食带覆盖的城市注意调整其短波通讯频率，避免进行野外探险或考察活动。

日食是如何影响天气的

日食对人们生活的影响是多方面的，其中大家能够明显感受到的，除了短波通讯受到影响以外，最明显的就是它对天气的影响了。

日食发生时，朗朗乾坤顿时变成黄昏甚至黑夜，这常引起古代人们精神上恐惧不安。实际上，此时地面天气确实也在相应发生着异常甚至剧烈的变化。但是，这种地面天气变化天文学是不研究的，又不属于气象部门正常的业务范围，因此历史上鲜有这类研究报告问世。

有幸的是，1955 年 6 月 20 日，亚洲地区有一次日食。日全食区虽位于我国西沙和中沙海区纬度，但我国北纬30°以南地区食分都在50%以上，北回归线以南的华南、西南地区更在75%以上（日全食时为100%）。

而且，日食不仅正好发生在全年太阳高度最高的夏至日附近，而且发生在一天中太阳最高的中午前后，因此是一次极难得的观测机会。当时中央气象局（今为中国气象局）为此曾下文南方气象台站，要求进行日食气象观测。

美中不足的是，6 月 20 日我国南方地区已经进入雨季，是日许多地区有雨，仅广东和海南省天气条件尚好，因此日食气象变化也最显著，具体表现为以下几点特征：

（1）日食发生的时候，气温会逆降急剧。查阅我国当时南方气象台站报表，发现有数十个气象台站有日食气象观测记录。

气温变化以较晴的深圳最为显著。日食开始前 4 分钟即 10 时 32 分时，深圳气温为 30.2℃。随着食分的增大，气温反常地从上升逆转为下降，食甚时（12 时 11 分）降为 26.3℃，即逆降了 3.9℃之多。食甚后气温重又上升，复圆（13 时 29 分）时回升到 29.2℃，仍未达到日食开始前的温度。

（2）地面温度的变化比气温更大。这是因为气温昼升、夜降的热、冷源都在地面。

可惜当时深圳并没有地面土壤温度的观测报告，另选海南儋县为例。儋县初亏时气温 32.4℃，食甚时 30.2℃，即因为天上有云，日食过程中气温仅逆降了 2.2℃。可是地面温度却从 42.9℃ 剧降到 32.5℃（复圆后升到 51.4℃）即剧降了 10.4℃。估计深圳当时地面温度变化比儋县更大。

（3）日食温度变化入地深度只比 10 厘米略深。可贵的是，海南省琼海气象台在日食过程中每 4 分钟观测一次气温，这使我们能够知道日食过程中气温最低的时刻不是发生在食甚，而是食甚后约半个小时，虽然气温不过比食甚时低 0.2℃。

琼海每 4 分钟一次的地下温度观测还揭示了日食造成的地面温度逆降一般只影响到 10 厘米略深的地方，因为土壤是热的不良导体。在地下 15 厘米深度上，日食时温度已不再逆降。

（4）空气相对湿度明显逆升。日食时地面大气的相对湿度也有急剧变化。本来，在无日食的正常情况下，午后最高气温出现（约 14 时）前，相对湿度规律性持续下降（因气温持续上升），可是日食过程中因气温出现逆降而使相对湿度逆升。

例如深圳的湿度从初亏时的 71% 突然逆升到食甚时的 88%。食甚后虽恢复正常下降，复圆时降到 78%，但仍高于往日。

（5）日食使中午变成黄昏月夜。各地描绘日食时的天空变化很有趣。例如广州气象台记载："食甚时太阳光度甚弱，大约比平时减弱 80%，阳光照在人身上也没有往常那种热的感觉。整个天空像月夜。"

广西百色报告说"地面上呈黄褐色"。广西南宁和北海分别描写天空为"黄昏暗惨色"和"阳光很弱像傍晚"。云南丽江则记载了云色的变化，说透光高积云"云色淡黑，浓淡不匀"。

◤📷 被日全食欺骗的动物

1980 年 2 月 16 日，正值新春佳节，农历庚申年正月初一，云南省发生了日全食。在日全食过程中，人们都很有兴致，除了进行各种项目的观测活动外，还专门注意到一些动物的异常表现，感到颇有些意思。

在日全食即将发生时，因为"黄昏"来得如此突然，天地忽然间朦胧起来，使得在田野里安详吃草的黄牛，着急地自觉地往村寨的牛圈走去……

人们还看到，昆明动物园里的一对大象，一反常态，在整个日全食过程中，它们奇怪地都将屁股对着太阳，好像不愿目睹太阳发生的这一"不幸"。就连笼子里的白玉鸟，也认为太阳"出了问题"，慌乱地飞撞，仿佛十分心烦的样子。待到日全食开始时，它们都静了下来，头都朝着一个方向，还有的用双翅趴在地上，似乎在代表它们的伙伴跪着向上天"祈祷"，祝太阳"平安无事"。

日全食即将发生时，人们又看到几批野鸟和大雁都急促地向东飞去，好像有什么在追赶它们一样，这正与月影移动的方向是一致的。日食时，月球的影子以 1 千米/秒的速度由西向东扫过，在高空的飞鸟正是看到这个黑影在追逼它们。成群的大雁由于受到惊吓而乱叫着，但是它们的"人"字队形却不变，可见其组织纪律性的严格，真的叫人钦佩。

鸡鸭的表现，更是有意思，它们可能认为是黑夜来临了。日全食开始前，天地呈现黄昏的景象，鸭子们就像寻找安全岛而躲避灾难一样，惊叫着向鸭舍飞奔。

日全食一开始，已经回到鸡舍附近的鸡群，也争先恐后地回到鸡舍，在鸡舍内开始夜间的休息。日全食结束，有些公鸡竟然伸长脖子"报晓"，刚进鸡舍才几分钟，它们以为新的一天又开始了，一边欢迎黎明的到来，一边又在呼唤人们起来工作，而这些鸡鸭也陆续出来觅食。至于这一"夜"为什么如此短暂，想必这些动物永远也不会知道其中的奥秘是来源于什么道理。

▶ 历史上的战争与日食、 月食

日食和月食非常有趣，更有趣的是日食和月食还会对战争的胜负起到决定性的作用。在历史上，日食和月食决定战争胜负或阻止战争的事例不止一次发生过。

公元前 6 世纪，在爱琴海东岸，就是今天土耳其的安纳托利亚高原上，居住着米迪斯和吕底亚两大部落。两部落本来和睦相处，相安无事。

后来，不知因为什么原因，两部落相互敌视，要用刀和剑来解决他们之间的仇恨。战争残酷地进行了 5 年，战争拖得愈久，双方积怨愈深，老百姓遭受的苦难也愈重。

古希腊天文学家泰勒斯痛恨这场无谓的战争，决定利用一次难得的日全食来消除战祸。泰勒斯熟悉天文知识，预先推算出公元前 585 年 5 月 28 日，当地将发生日全食。

知识小链接

泰勒斯

泰勒斯（约前 624 ～前 546），古希腊时期的思想家、科学家、哲学家，希腊七贤之一，希腊最早的哲学学派——米利都学派（也称爱奥尼亚学派）的创始人，"科学和哲学之祖"。泰勒斯是古希腊及西方第一个有记载有名字留下来的自然科学家和哲学家。

于是，他公开宣布："上天对这场战争十分厌恶，将吞食太阳向大家示警。如若双方再不肯休战，到时将大难临头。"

交战双方都认为上天是他们的庇护者，不可能对他们发难的，因而也都把泰勒斯看成是一个疯子，根本听不进泰勒斯的劝告，两军对战更加激烈。

5 月 28 日，正当交战双方打得难分难解的时候，忽然间，日全食发生了，一个黑影闯进圆圆的日面，把太阳一点一点地"往肚里吞"，大地上太阳光慢慢减弱，好像黄昏降临。

动物不安地躁动起来，鸟儿归巢，鸡犬返窝，气温下降。等到黑影把太阳全"吞没"时，顿时天昏地暗，大地呈现一片夜色，天上的星星也出来了，在昏暗的天空中闪烁着。就在这时，交战的双方都被推入茫茫的"黑夜"中。

尽管过了几分钟，黑影又开始慢慢将太阳"吐了出来"，灿烂的阳光又撒满大地，但是，这种奇异的天象给交战双方留下了深刻的印象。双方的僧侣经过一番商讨以后，都相信泰勒斯事前警告的话，是上天不满他们的战争而发出的警告，于是双方一致同意握手言和，心悦诚服地签订了永久恪守的和平契约。

泰勒斯以他的聪明才智，巧用日食签和约，从而结束了这场旷日持久的战争。但是也有因为错用月食而延误了战机的。

公元前413年8月27日傍晚，雅典征服西西里远征军的兵营中，传令兵飞奔各军营，秘密传达远征军统帅尼西亚的撤军命令。顿时，百艘战舰及30艘运输船的3万多人已经做好准备，整装待撤。跟随远征军的商船队，听到撤军命令，也赶忙收拾行装，处理不能带走的物品。指挥官索尼，正在挑选1000名水手、2000名精壮战士，组成后卫队，预备阻击追赶来的敌军。

当天夜晚，月明风清，夜里10点45分，正当远征军离开西西里海面向东急驶时，突然一下出现了许多艘锡拉库萨的战船。远征军统帅尼西亚手提利刀，指挥战舰向敌船展开勇猛的冲杀，敌兵败下阵来，远征军将士充满了胜利的喜悦。正当此时，月亮上突然出现了暗影，慢慢地愈变愈大，月光随之消失，天空繁星闪烁，月亮却变成了一个暗红的圆盘——月食出现了。海面一片黑暗，远征军将士不知何故，于是纷纷走上船台祈祷膜拜。统帅尼西亚见状，立刻传令："正当撤军途中，突发天变，应遵天意。立即停止撤军，离船上岸，原地待命，等21天后再行撤军。"

命令一下，各船大乱，划桨手纷纷逃亡，一些商船也偷偷返航。锡拉库萨统帅从逃亡的远征军士兵中得到雅典军因月食而停止撤军的消息后，立即调整了部署，加紧包围。两军相接，雅典远征军毫无准备，战舰大部分都被击沉。叙拉古军乘胜追击，索尼虽然勇猛善战，却阻挡不住如潮水般涌来的叙拉古军，索尼战死，尼西亚被迫投降，不久即被处死，其余7000余名雅典残兵则被赶入露天采石场，终生从事苦役。

战后，锡拉库萨全城彩灯高悬，人们摆下祭品，感谢月神显示月食，使锡拉库萨军由败转胜。

📍 两个天文官与日食的故事

在我国历史上，同样的日食曾对两个天文官产生了不同的影响。一个天文官被处死了，另一个却流芳千古，受到世人的敬仰。

话说在夏朝仲康时代的一个金秋季节，麦浪滚滚，晴空万里，农民们正在田里收获一年的劳动果实。

中午时分，人们突然发现，原本高悬在天空光芒四射的太阳在一点点消失，仿佛有个黑黑的怪物在一点点地把太阳吞吃掉。

人们大喊起来："天狗吃太阳了！"面对突如其来的"凶险"天象，百姓们个个惊恐万状，急忙聚集起来敲盆打锣——按过去的经验，这样就可以把"天狗"吓走。

那时，朝廷已经形成一套"救日"仪式，每当发生"天狗吃太阳"时，监视天象的天文官羲和要在第一时间观测到，然后立刻以最快的速度上报朝廷，随后天子马上率领众臣到殿前设坛，焚香祈祷，向上天贡献钱币以把太阳重新召回。

可这次，时间过去了好久，眼看着太阳一点点消失，无尽的黑夜就要笼罩大地，文武百官和仲康大帝都已聚到宫殿前，却独不见羲和的身影。已经错过了最佳救护时间，仲康大帝顾不得多想，连忙主持开始了救护之礼。

这时，天色越来越暗，突然天地一下子陷入黑夜，几步之内难辨人影，太阳被"天狗"彻底"吞"了！仲康大帝率众官跪倒在地，一遍遍地乞求上天宽恕……

不知过了多久，就在人们彻底绝望时，太阳的西边缘露出了一点亮光，大地也逐渐明亮起来，日盘露出得越来越多，"天狗"终于把太阳"吐"出来了！仲康大帝和文武百官舒了一口气。

发生了这么大的事，身负重任的羲和居然不见人影，仲康大帝十分恼火，立刻派人去寻找。几个差役赶到清台（当时的天文观测台），好不容易在旁边守夜的小屋里找到了羲和。

这位重任在肩的天文官居然在呼呼大睡，一问下属，才知道他昨天喝了一夜的酒，此刻仍然烂醉如泥。到了殿上，跪倒在天子面前，羲和还是混混沌沌，不知几分人事。仲康大帝得知羲和酗酒误事后大怒，下令将羲和推出斩首。

这个故事记录在中国最早的一本历史文献汇编——《尚书》中。虽然记录中没有"日食"二字，但早就被认证为是一次日食记录，而且是中国最早的记录，被称作"书经日食"、"仲康日食"。

中华民族的天文历法在唐代取得了长足进步，历法、观测仪器、天象记录等方面都出现了总结性或突破性的成果。李淳风就是那时涌现出的奇人。

基本 小知识

李淳风

李淳风（602~670），唐代杰出的天文学家、数学家，岐州雍（今陕西省岐山县）人。他在中国历史上第一次把浑仪分为六合仪、三辰仪、四游仪三重，其影响相当深远。李淳风在数学方面的主要贡献是编定和注释著名的十部算经。这十部算经后被用作唐代国子监算学馆的数学教材。

唐代初年，国家行用《戊寅元历》，25岁的李淳风对这部历法做了仔细研究，发现它存在缺陷，于是上书朝廷，指出《戊寅元历》的多处失误，提出修改方案。唐太宗李世民很开明，采纳了他的建议，并选派他入太史局任职。

李淳风综合前人许多历法的优点，又融入自己的新见解，编成一部全新的历法。他对自己的新历法充满信心。一年，他按自己的历法计算某月初一将出现日食，而按照旧历书，这天是没有日食的。他把自己算出的日食发生、结束的精确时刻上报到朝廷。既然太史丞预报，李世民不能不理，于是到了

李世民

这天，他半信半疑地率领众官赶到殿前，准备好救护仪式。

快到李淳风说的时间了，天上圆圆的太阳还是毫无动静。李世民不高兴地说："如果日食不出现，你可是欺君之罪！"欺君之罪是要被杀头的，李淳风却毫不惧怕地说："圣上，如果没有日食，我甘愿受死。"李淳风在地上插一根木棍，影子投射到墙上，他在墙上的影子边画了一条标记，说："圣上请看，等到日光再走半指，照到这里时，日食就出现了。"果然，过一小会儿，天上的太阳开始被一个黑影侵入，跟他说的时间丝毫不差，于是百官下拜祈祷，锣声、鼓声响成一片。

麟德二年（公元665年），朝廷决定改用李淳风的历法，并将其命名为

《麟德历》。此故事见于唐代刘餗所著的《隋唐嘉话》。正因为李淳风编撰的历法精密，他有这份自信，才敢冒风险预报这次前人漏报的日食。

可能有人会问：既然能预报了，说明人们已经知道它是自然现象，为什么还要搞救护仪式？这反映了在人们认识提高的同时，封建体制和传统意识的相对顽固和滞后性。到明末和清朝，这个矛盾更加突出：一方面，按传统观念，日食是上天的警告，统治者必须举行仪式救护；另一方面，天文学家对日、月、地的运行已了解得很透彻，日食、月食已能精确预报，说明它们与地上的人、事没关系。

比如到清朝，虽然仍有庞大的司天机构，历法和天文仪器的精密度也达到历史最高水平，但天文官对政治的影响却大大降低了，除了历法颁布仍是皇家的大事外，朝廷对天象的关注只剩下象征意义而已。

◑ 月食使哥伦布化险为夷

历史上鼎鼎大名的哥伦布是个非常聪明的人，他能够准确的预报月食。凭借这一点，他曾化险为夷。

1451 年哥伦布出生在热那亚的工人家庭，是信奉基督教的犹太人后裔。长大他后当上了舰长，是一名技术娴熟的航海家。他确信西起大西洋是可以找到一条通往东亚的切实可行的航海路线的。他坚决要把这种设想变成现实。他终于说服了西班牙的伊莎贝拉一世女王，女王为他的探险航行提供了经费。

知识小链接

《马可·波罗游记》

《马可·波罗游记》，是 1298 年威尼斯著名商人、冒险家马可·波罗撰写的其东游的沿途见闻。它记录了中亚、西亚、东南亚等地区的许多国家的情况，而其重点部分则是关于中国的叙述，记述了中国无穷无尽的财富，巨大的商业城市，极好的交通设施，以及华丽的宫殿建筑。这些叙述在中古时代的地理学史，亚洲历史，中西交通史和中意关系史诸方面，都有着重要的历史价值。

哥伦布

1492 年 8 月 3 日，哥伦布受西班牙国王派遣，带着给印度君主和中国皇帝的国书，率领 3 艘百十来吨的帆船，从西班牙巴罗斯港扬帆出大西洋，直向正西航去。经 70 昼夜的艰苦航行，1492 年 10 月 12 日凌晨终于发现了陆地。哥伦布以为到达了印度。后来知道，哥伦布登上的这块土地，属于现在中美洲巴勒比海中的巴哈马群岛，他当时为它命名为圣萨尔瓦多。

1493 年 3 月 15 日，哥伦布回到西班牙。此后他又 3 次重复他的向西航行，登上了美洲的许多海岸。

1504 年哥伦布再次远航西行，来到南美洲的牙买加地区，这是他 10 多年前发现的"新大陆"之一。这次他是旧地重游，心情特别高兴。

哪知登岸后，他的水手船员与当地的居民发生争执，后来矛盾急剧恶化。傲慢的白人激怒了加勒比人，他们仗着人多，把哥伦布一行团团围困起来，要将这些傲慢的白人活活饿死。哥伦布等人毫无办法，只有坐以待毙。

傍晚，一轮明月冉冉从东方升起，哥伦布望着月亮在思考着。突然他想起今天晚上将发生月全食，于是计上心来，大声向围困者宣布："如果你们不马上送上食品和饮用水，我马上不给你们月光！"

迷信的加勒比人听到哥伦布的警告，半信半疑，不知如何是好，送给他们食品又怕上当，不送食品又怕真的没有月光。他们惴惴不安地望着明月发呆，不一会儿，月亮果然渐渐被一团黑影吞没，最后变成一个稀依可辨的古铜色园盘，任凭他们大叫大喊也无济于事。

加勒比人害怕了，认为哥伦布是神，统统跪拜在哥伦布面前，祈求"神通广大"的哥伦布宽恕他们。就这样，哥伦布化险为夷了。

➤ "贝利珠" 带来的惊喜

　　在繁华的闹市区，商店的橱窗是琳琅满目的，透过橱窗可以见到丰富多彩的商品，却看不见明净的橱窗玻璃。这样的情况不仅仅是地球上有，太阳上也存在。包围在太阳光球外面的太阳大气，就是这样的"橱窗玻璃"。它们稀疏得像透明玻璃一样，允许我们透过它们看到太阳上种种现象，而它们自己却隐身匿迹，不为世人所看见。

　　幸好，天赐良机，日全食帮助人们看到了它们。在日全食时刻，一轮明月掩住炫目的太阳圆面时，太阳周围的天空由于没有被太阳光直接照亮而变暗了。此时，在暗淡的天空背景上，月亮边缘好像镶上了明亮的光环，这就是光球外面的太阳大气。

　　每逢日全食，从事太阳研究的天文学家和天文爱好者，总要跋山涉水前去观测。俄国有位名叫阿·巴·甘斯基的天文学家，一生从事太阳观测，对拍摄太阳照片很有研究，可惜，30 多岁就死了。

　　在他短促的一生中，为了观测日食，他不断地在外面旅行。人们风趣地说："要找甘斯基，只有在两个时间能找到他，一个是见面问好的时候，一个是分别再见的时候。"

　　1896 年，他刚从敖德萨迁到普尔科夫天文台，和同事们还没混熟，就整顿行装到新地岛去观测日食了。

　　我国天文工作者也十分重视日食观测。在历史上，我国有世界上最早的日食记录。新中国成

你知道吗

中国观测日食历史悠久

　　据《尚书》记载，早在公元前 1948 年就有人观测到了日食。中国历来重视日食的预报，据说夏代一位天文官因沉湎酒色，漏报日食，被砍首以警示玩忽职守者。中国有世界上最早、最完整、最丰富的日食记录。光是古书（至清代）的史料（不包括甲骨文），就有 1000 多次日食记录。

立后，发生在我国境内的日食都组织了观测。1982 年在中国科学院组织下，还去巴布亚新几内亚进行了观测。

1980 年 2 月 16 日，在我国云贵高原发生过一次日全食。这一天正是春节。为了观测日食，300 多名天文工作者和业余爱好者，放弃了和家人团聚的机会，云集在云南省的昆明、潞西、丽江和瑞丽。

按照紫金山天文台的精确计算，2 月 16 日日食初亏时间是 17 时 27 分 12 秒。天遂人意，日食期间，当地天气晴朗。17 时 27 分 12 秒，月亮按照预报的时间如期和太阳相切了。这时，在日面西部边缘上闪出一个阴影，不断扩大，一点一点地吞噬着太阳，天空渐渐暗淡下来。

将近 18 时 30 分，太阳变成一弯"新月"，天空暗得像黄昏。18 时 31 分 41 秒，食既时刻到来了，太阳光芒顿时全部消失，在日轮东北部边缘上出现 2 个明亮的小光点，恰似晶莹闪亮的珍珠。

"啊，贝利珠！贝利珠！"有人惊喜地叫着。

贝利珠是日食时偶然一现的现象，光彩夺目，非常好看。可惜，它只存在 1 秒左右的时间就消逝了。这一现象是英国天文学家贝利最早发现的，所以叫它"贝利珠"。贝利珠是从月面山谷里透过的太阳光形成的。

在此以后，黑暗的月轮四周现出一圈玫瑰红色的彩环，呈锯齿状，有许多小火苗。这个彩环就是"色球"。

在这以后，"夜幕"降临了。在黑暗的天空背景上，繁星满天，星光闪耀。原来隐没在太阳光里的太阳四周，浮现出一大片青白色日冕，皎洁，淡雅，放射出悦目的光辉。